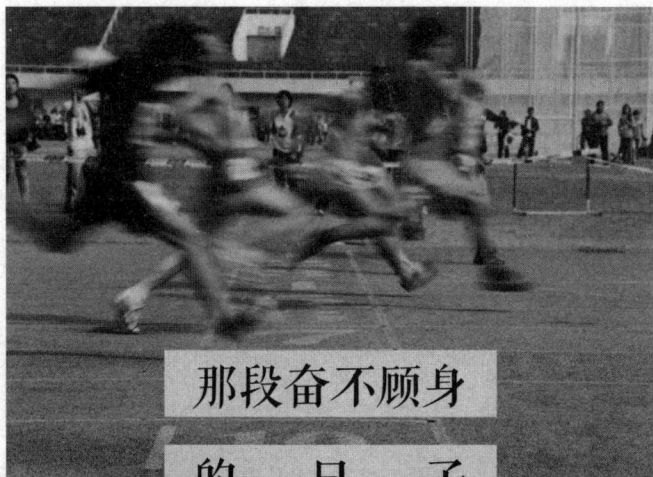

那段奋不顾身的日子，叫青春

浩子 著

Naduan Fenbugushen De Rizi
Jiao Qingchun

中国华侨出版社

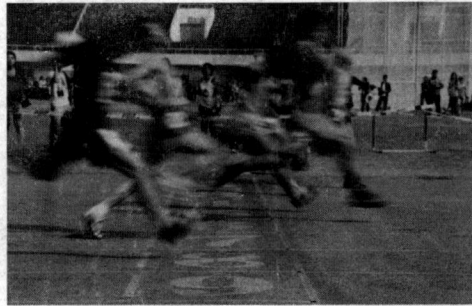

前言

青春，象征着梦想、潜力，虽然也有淡淡的不成熟，但是青春背后总藏有无限的希望，让人倍感珍惜。然而，青春也代表着尴尬、无助。青春意味着没有经验、没有资源，总是让人感觉顿陷泥沼，仿佛前路只有艰难与险阻。

那么，面对梦想和现实交织、希望和失望并行的充满激情和矛盾的青春，我们该如何度过呢？

巴尔扎克有句话说："拼着一切代价，奔你的前程。"青春，我们拥有那么多成功的梦想，我们拥有那么多美好的憧憬，而这一切，都需要我们拿出奋不顾身的热情、信念、勇气、心态，拼上我们所有的努力和毅力，践行人生的使命，分享人生的财富，最终实现人生的价值。

青春，就是需要这样的奋不顾身，这样才能将充满矛盾的青春演变成成功的希望，转化为成功的力量，伴着我们一路前行。

让我们静静闭上双眼，想想一路走来的时光，那些吃的苦，那些受的伤，最后都将成为你的勋章，记载下只属于你的苦难与辉煌。

以后，我们会深深感激青春时奋不顾身的自己。多亏有了他，我们才有了今天的幸福；多亏有了他，我们才有了今天的成就；多亏有了他，当我们站在成功之巅时，我们才能说，我的青春多亏有了那段奋不顾身的梦想，才没有辜负。

本书围绕青春时需要奋不顾身为之拼搏的梦想，通过主人公李自明从学校走向职场时的经历以及在职场拼搏奋斗的经验，指明了我们青春时需要努力的方向。同时也向我们展示了通过奋不顾身的拼搏奋斗之后成功的触手可及。

或许你还在犹豫，还在徘徊，还在思考自己人生的道路，从此刻起，请抛开这些顾虑，跟着李自明勇敢地走向职场拼搏吧！当你在职场遇到问题，李自明会给你最好的解答方案；当你在人生的旅途中遇到挫折，李自明的导师郭先生会给你最好的建议。

你还在抱怨自己的家境不好，成绩不好？请记住一句话：虽然我们无法选择自己的出身，但我们可以设计自己的命运，因为命运会眷顾矢志不渝的人。让我们在青春的道路上抛开一切顾虑，做自己命运的设计师，奋不顾身地去拼搏吧！

让我们像书中经贸学院的学生一样，翻开本书，勇敢地推开成功导师家的大门吧！

目录

CONTENTS

Part 01
梦想，值得我们奋不顾身

目 录

CONTENTS

Part 02
强大的内心，需要奋不顾身的信念

Part 03
职场的拼搏，需要
奋不顾身的勇气

目录

CONTENTS

Part 04
正确的抉择，需要奋不顾身的心态

Part 05

自我推销，需要
奋不顾身的努力

目 录

C O N T E N T S

Part 06
赢得忠实的客户，需要奋不顾身的毅力

Part 07

真诚地对待朋友，
需要奋不顾身
的心胸

目录

C O N T E N T S

Part 08
领袖的魅力，需要
奋不顾身的历练

Part 09
坚定的使命，需要
奋不顾身的践行

目录

C O N T E N T S

Part 10
财富的分享，需要奋不顾身的担当

Part 01

梦想，值得我们奋不顾身

掩卷沉思的时候，我们发现，隐藏在内心深处的那个梦想蠢蠢欲动。成功，当然是所有年轻人的梦想。成功的梦想，需要我们在年少轻狂的日子里，奋不顾身地为其努力，需要我们有执着的理想、坚定的勇气和奋不顾身的热情。

自信，一切的开始

> 无论身处顺境还是逆境，
> 自信都是一种支持你前进的力量。

又是美好的一天，几位来自某大学经贸学院的学生要去拜访他们的新导师。他们第一次来到新导师的家，眼前的景象让他们激动不已，导师的住宅是一栋豪华的别墅，这让他们对这个未曾谋面的新导师充满期待。

"这是真的吗？好漂亮的别墅啊！"

就在大家议论纷纷的时候，一位管家出门来迎接他们："郭先生在客厅，请几位同学过去吧。"

大家期待已久的新导师就在眼前了，学生们很激动，想知道今天导师会给自己上一堂什么样的课。

郭先生坐在客厅的沙发上，几个同学不安地坐在他的对面。

郭先生察觉到他们的不安，知道这样的环境让他们觉得不自在，他笑着问他的学生："你们有什么想说的吗？说出来和我分享一下怎么样？"

一位同学说："您的房子真漂亮！"

另一位同学说："您一定是一位经商天才，不然怎么会赚到这么多钱呢？"

郭先生笑着听几个学生说自己的想法，最后一个男孩子有些紧张地说："我想要……和您一样的房子。"其他几个同学哄堂大笑，这个男孩显得不知所措，脸色涨得通红。

郭先生的表情认真起来，他问这个男孩："你叫什么名字？"

男孩回答说："我叫李自明。"

郭先生说："好的，李自明，那我现在记住你了。我要问你们大家一个问题，希望你们可以诚实地回答。"

几个学生连连点头，表示自己很乐意回答这位成功人士的问题。

郭先生问道："你们都不想要和我一样的房子吗？"

结果，除了李自明之外，所有人的回答出奇地一致："想要，但是我知道这是不可能的啊！"

郭先生的表情有些严肃，他没有评价学生们这一致的回答，他问道："你们都应该知道法兰西第一帝国的皇帝是谁吧？"

一个学生回答："是拿破仑。"

郭先生接着说："有一次，一个士兵骑马给拿破仑送信，由于路途遥远，结果马在到达目的地之前猛跌了一跤摔死了。拿破仑接到信后，立刻写好回信交给那个士兵，并吩咐士兵骑自己的马尽快把回信送去。但那个士兵对拿破仑说：'不，将军，我是一个平庸的士兵，实在不配骑这匹华美、强壮的骏马。'你们和这个士兵是不是很像呢？"

李自明听导师说完这段话，满脸都是兴奋之色，他听出了导师对他的赞许。郭先生说："我让管家准备了几颗糖果，大家不要客气。"管家端上一盘糖果，每个学生都在管家的示意下拿起了一颗，李自明也不例外。他剥开糖果，发现糖果的彩纸里面写着这样一段话：

◆ 自信是实现目标的前提，相信自己，并朝着自己的目标迈进吧！

所有的学生都望着郭先生，希望知道自己下一步该做什么。

郭先生说："你们平日里肯定也知道'自信'这个词语，但是在需要自信的时候，你们偏偏没有了自信。你们为什么觉得自己就不可能拥有和我一样的房子呢？"

李自明说："因为我们不自信！"李自明这句话说得底气很足，同学们也没有再次哄堂大笑，因为每个人都在思考。

郭先生说："拿破仑是这样回答那个士兵的：'你要相信，世上没有一样东西是法兰西士兵所不配享有的！'所以，你们要相信，你们和我都是一样的。我享有的东西，你们同样可以享有。只是你们想不想享有呢？"

同学们打开手里的糖果彩纸重新看了一遍那句话：

◆自信是实现目标的前提，相信自己，并朝着自己的目标迈进吧！

李自明说："老师，有自信就可以成功吗？"

同学们有些争议道："一个人不可能什么事情都做成功的啊。"

郭先生说："并非说有自信就可以做什么事情都成功，但是没有自信你就做不好任何事情。俄国有一位著名戏剧家叫作斯坦尼斯拉夫斯基。你们知道吗？"

有几位同学点头。郭先生接着说："有一次他在排演一出话剧的时候遇到演出事故了，女主角病了不能演出，结果这位戏剧家竟然找不到人。最后没办法，他只好让他大姐出演女主角。"

李自明很惊讶："老师，这没搞错吧？他大姐是做什么的？"

郭先生耸肩："一个服装道具管理员。最初的时候，因为是突然出演主角，所以他的大姐很没有自信，演得极差，这引起了斯坦尼斯拉夫斯基的烦躁和不满。他当着整个剧组的面对他大姐说道：'大姐，你是这场戏的关键！如果女主角仍然演得这样差劲儿，整个戏就不能再往下排了！大姐，我对你有信心。'"

同学们说："真的可以吗？"

郭先生说："事实证明，这位女士确实可以。听了那段话之后，这位女士被自己弟弟的信任所震动，一扫以前的自卑、羞怯和拘谨，演得非常自信、非常真实。"

李自明嘟囔道："发人深思啊，为什么同一个人前后有天壤之别呢？"

另外一位同学说："是因为她变得自信起来了，起码那一刻她因为被信任而产生了强大的自信。"

郭先生说："嗯，说得不错。你的自信会给你带来成功。但是，你要知道自信与自负的区别。小泽征尔……"郭先生故意停了一下。

"我知道，他是世界著名的音乐指挥家。"同学们抢着说。

郭先生接着说："有一次，他去欧洲参加指挥大赛的决赛，被安排在最后出场。评委交给他一张乐谱，小泽征尔稍做准备便全神贯注地指挥起来。突然，他发现乐曲中出现了一点不和谐，开始他以为是自己演奏错了，就指挥乐队停下来重奏，但是发现仍然不和谐。他的感觉告诉他是乐谱有问题！可是，在场的作曲家和评委会的权威人士都声明乐谱绝对没有问题，是他的错觉。如果是你们，会怎么做呢？"

同学们先后表达了不同的意见：

"这肯定是他的错呀，这么多人都觉得错了。"

"肯定不是他的错，他都是世界级的指挥家了！"

李自明摸着头说："我要想想才知道。"

郭先生说："李自明回答正确！你们说的两种意见一种是缺乏自信，一种是过于自信。当时面对几百名国际音乐界权威，小泽征尔是怎么做的？他没有轻易下判断，他对着乐谱考虑再三，最终得出结论——自己的判断是正确的。他大声对评委们说了句：'不，一定是乐谱错了！'结果他的声音刚落，评判席上那些评委们立即站起来，向他报以热烈的掌声，祝贺他大赛夺魁。"

同学们反应过来："哦，原来是评委们设计的圈套啊。"

郭先生点点头："是啊，评委这样做是为了试探指挥家们。在权威人士否定的情况下，可以理智思考，然后得出结果，能够坚持自己判断的指挥家，才真正称得上是世界一流的音乐指挥家！"

同学们静静地听完郭先生给的评论，深受触动，不少人托着下巴在思考。

李自明这时候说道："老师，刚才我那句话不是要说小泽征尔，是说我自己的。"同学们再度哄堂大笑。

李自明也跟着笑了，郭先生说："无论身处顺境还是逆境，自信都是一种支持你前进的力量。可以让你微笑着、平静地面对人生。有了自信，生活便有了希望。天生我材必有用，这句话我想你们都听过。拥有自信，拥有一颗自强不息、积极向上的心，成功迟早会属于你们的。当然，还要注意……"

同学们补充道："不要自傲。"

目标，需要奋不顾身

为自己设置一个合理的目标，克服恐惧，朝着目标坚定地前行，就离梦想更近一步。

李自明小心翼翼地收起那张糖果彩纸，问自己的导师："郭先生，我真的想拥有一套这样的房子，但是它距离我很遥远，就是一个梦想。"

郭先生看到学生们渴求的眼神，会心地一笑，说道："是啊，即使你对自己充满自信，你想要的东西也不可能直接出现在你的面前。那我们应该怎么办呢？"

郭先生说完，自己捡起一颗盘子里的糖果，这颗糖果的颜色和学生们手里的不同。他轻轻剥开彩纸，展开在桌子上：

◆梦想距离你并不遥远，只是你还没有采取行动！

李自明问："郭先生，我能不能也拿一颗这种颜色的糖果？"

郭先生直接将桌子上的那张彩纸递给了他，说："首先，要知道自己想要得到什么，将你的梦想设定为你的目标。"

有位学生问他："郭先生，难道梦想和目标有什么区别吗？这两个不都是我们自己想得到的东西？或者想达到的高度吗？"

郭先生说："有次我和朋友去国外旅游，在野外狩猎的时候遇到过一位很有经验的猎人，这位猎人年轻的时候犯过很低级的错误。他带着枪来到野外想打一只野鸭，他先从芦苇丛中赶出了很多野鸭子，就在他端着枪打算射击的时候，他左右为难，不知道该打哪一只了，因为他觉得每一只鸭子煮起来都会味道鲜美，所以一时没有了目标。没想到鸭子在他犹豫的这一会儿已经飞高了，他仓促间开了一枪，结果什么也没打到。"

这位学生说："他为什么不瞄准一只鸭子呢？这样很容易就可以打下来，然后就可以去打另外一只了。"

郭先生说："问得好。这就是梦想和目标的区别，但是很多人并不知道这个道理。你们说起你们的梦想，每个人都会有两个或者更多的比较遥远的梦想，但是，如果问你们有什么目标，你们就会回答得很明确，无论是近期的目标还是比较长远的目标。目标可是很重要的啊！"

管家拿出一幅风景画，画上画的是一片绿油油的农作物，很整齐，一位农民正站在田边休息。郭先生说："关于这幅画，有个好有趣的故事：有个从城市搬来的富豪在乡下新买的别墅附近散步时，第一次看到农夫在水田里插秧。农夫的手法纯熟而迅速，所有的禾苗一行行排列得整整齐齐、井然有序，如同丈量过一般。富豪十分惊讶，问农夫是如何办到的。"

"农夫没有回答他的问题，只是拿了一把秧苗要他先插插看。这位富豪觉得十分新奇，就下到田里，当插完数排之后，他发现自己插的秧苗参差不齐、杂乱无章。"

"这时农夫告诉他，插秧苗时要抬头用目光紧盯住一件东西，然后朝着那个目标笔直前进，就能插得漂亮而整齐。但是当这个富豪依言而行时，秧苗却变成了一道弯曲的弧形。"

李自明好奇地问："哎，这是为什么呢？"

郭先生说："这位富豪也很奇怪呀，他问农夫：'为什么我的秧苗插出来是这样子的？'"

"农夫反问他：'你盯住了一个目标没有啊？'"

"'有啊！我紧盯着那一头正在吃草的水牛。'富豪说道。"

郭先生正色道："下边这段话是农民的原话，你们听好了：'水牛边吃草边移动，难怪你插的秧苗变成了弧形。插秧苗以前要设立一个固定目标，盯着这个目标，你插的秧苗才会是直的！'"

李自明接着问："确定了一个固定的目标就会是直的。郭先生，那为什么有那么多人没能实现他们的目标呢？这些人每天都在强调自己的目标啊。"

郭先生说："其实非常简单，因为他们没有去行动。如果你只有目标而没有行动，想实现自己的目标不是异想天开吗？这样的人对两件事情心怀恐惧：恐惧成功，或者恐惧失败。这两种心理使得他们根本没有去行动。"

李自明不依不饶："那么郭先生，他们缺乏的是什么东西呀？"

郭先生说："气概。你们了解什么叫作气概吗？"郭先生问道。

一位学生说："嗯，就是战胜所有困难，击败自己的敌人！"

郭先生点点头说："只说对了一半。"

学生问："另外一半是什么呢？"

郭先生说："曾经有一位父亲和你认为的一样！他有一个不争气的儿子，

都已经十六七岁了，却一点气概都没有，面对该面对的事情总是逃避。对此，这位父亲毫无办法，于是就想了一个点子，他去拜访了一位拳师，请求这位武术大师帮助他训练自己的儿子，希望能够把儿子训练成具有他所认为的气概的人！"

同学们洗耳恭听，郭先生接着说："到现在为止，这个男孩子还不具备你们认为的气概。半年后，男孩的父亲来接儿子，这位拳师专门安排了一场比赛，向这位父亲展示他半年来的训练成果。"

有位同学说："俗套的电影情节嘛，肯定是男孩赢了很多人。"

郭先生笑着说："不，不，这位男孩还没出手就被对手击倒了，但是，男孩一倒地就立即站起来接着与对手搏斗，然后再倒下去又站起来……如此来来回回总共 20 多次。你们觉得这个孩子现在有没有气概？他可是没有赢得比赛。"

李自明挠挠头说："20 多次！啧啧。这种毅力也是一种气概吧。"

郭先生意味深长地说："没错，如果我们只看到了表面的胜负，那么，很多有气概的人都会被我们忽视。这种人往往具有倒下去又立刻站起来的勇气和毅力！他们可能现在没有成功，或者一生都在奋斗，但是他们拥有的是一个成功者的品质。在人生道路上，每个人实现目标时都有倒下去的时候。但这并不是最终的结局，倒下去又立即爬起来，将会使他们成为最终的强者，并获得成功。关于有了目标却失败的人，我们来剥开一颗蓝颜色的糖果，看看里边是不是有我们想要的东西。"

第三张彩纸上写着这样一段话：

◆成功与失败的唯一区别在于克服恐惧，付诸行动！

郭先生说："据我所知，克服恐惧只有一种办法，那就是直面恐惧，拿出我们所说的气概，最好可以克服所有的困难马到成功。但是更重要的，是要在跌倒时可以迅速站起来，再次排除疑虑，马上去做自己想做的事情，这样才有可能成功。"

"我有一位朋友前几天说制定了自己的目标，显得很激动。"一位学生说，"但是，他激动了一会儿后，便开始怀疑自己：我能做到吗？如果别人嘲笑我怎么办？接着就认为自己的目标非常愚蠢，然后就上床睡觉了。"

有同学附和说："我好像也经常这样子。"

"与自己的恐惧对话就是导致失败的原因。"郭先生继续说，"为什么这个同学觉得自己的目标太愚蠢？为什么觉得它不会成功呢？很多人听到这种扼杀梦想的声音，就甘愿屈服于它，没有像成功人士那样去战胜困难。生物学家曾经做了一个有趣的实验：将跳蚤随意向地上一抛，它能从地面上跳起一米多高。但是，如果在一米高的地方放个盖子，这时跳蚤会撞到盖子，而且是一再地撞到盖子。过一段时间后，再拿掉盖子，虽然跳蚤继续在跳，但已经不能跳到一米以上了，直至结束生命都是如此。为什么呢？理由很简单，它们已经调节了自己跳的高度，而且适应了这种情况，不再改变。不但跳蚤如此，人也一样，有什么样的目标高度就有什么样的人生。我们周围有许多人都明白自己在人生中应该做些什么，可就是把自己限定在了他们认为的高度里，觉得自己超不过那个高度。有了这样的目标高度，那么他们的人生就只能跳这么高了！"

学生们一副若有所思的表情，他们在想：自己曾经是不是就是这样失败的？

李自明又看了看第三张彩纸：

◆成功与失败的唯一区别在于克服恐惧，付诸行动！

永不言弃，才有希望

实现目标，
需要我们有奋不顾身的勇气
以及永不放弃的信念。

同学们在吃掉第三颗糖果后，已经完全放松下来，他们想知道，导师接下来送给他们的糖纸上会写着什么东西。

一位女同学问郭先生："郭老师，我的成绩不错，但是我对于学习从来没有过目标，是不是说我就可以不制定自己的目标了呢？"

郭先生说："坐了一会儿了，大家一起来我的花园里看看吧，或者我可以在那里回答这位同学的问题。"郭先生起身走出了客厅，管家给学生们带路，一起往花园走去。学生们不知道郭先生会怎么回答这个问题，但是他们都对此充满期待。

花园仍然引起了学生们的躁动，但是他们只是艳羡了一下，目光就又停留在郭先生身上，郭先生笑着说："你们别这样看着我，刚才那位同学呢？我们来做一个游戏。"

女同学被管家蒙上了眼睛，管家说："这样你还看得见东西吗？"女同学摇头。

郭先生说："那好，同学，你现在能帮我去摘一朵花吗？"

女同学说："我什么都看不到，怎么帮您啊？"

郭先生说："那你可以自己走到花园的对面吗？触摸到那堵围墙，沿着它前进就可以了。"这位女同学开始小心翼翼地摸索着向前行走，虽然离墙壁很近，但是她的每一步都走得很慢，显得担心不已。

5 分钟后，这位女同学蹲在了地上，管家见状，帮她摘下了蒙眼睛的丝巾。

郭先生问她："没有目标的时候，是什么感觉呢？"

女同学说："我看不到我要到达的那个位置，我不知道自己能不能走到，也不知道自己脚下的路是不是平坦，又担心偏离了正确的方向，无所适从。"

管家这个时候递给几个学生每人一颗新颜色的糖果，学生们迫不及待地剥开彩纸，郭先生让女同学大声念出这句话：

◆ 确定目标，并确定与目标的距离，才能找到方向，才不会在黑暗里无所适从！

李自明自言自语道："没有目标，就像被蒙上了眼睛，我们就不知道往哪个方向走，更不知道自己要走多远。现在好想回学校去，赶紧制定自己的目标，然后来完成它。"

郭先生说："有位 34 岁的女人打算横渡一个海峡，从卡塔林纳岛游到以东 21 英里的加利福尼亚海岸。要是成功了，她就是第一个游过这个海峡的妇女。她的名字叫费罗伦丝·柯德威克。在此之前，她是从英法两边海岸游过英吉利海峡的第一个妇女。1952 年 7 月 4 日清晨，加州海岸笼罩在浓雾中，她从卡塔林纳岛海岸上涉水进入太平洋中，开始向加州海岸游去。"

刚才那位女同学问道："老师，她失败了？"

郭先生说："嗯，和你的状态一样。那天早晨，海水很冷，雾很大，她连护送她的船都看不清楚。她足足游了 15 个小时，被冰冷的海水冻得浑身发麻，她知道自己不能再游了，就叫人拉她上船。"

一位同学说道："15 个小时，已经疲惫不堪了吧？"

郭先生摇摇头："其实困扰她的最大问题不是疲劳，也不是刺骨的海水。

她告诉记者，真正令她半途而废的不是疲劳，也不是寒冷，而是浓雾。她看不到自己的目标，不知道自己的距离。在放弃之前，虽然她的母亲和教练在另一条船上告诉她海岸很近了，叫她不要放弃，但是，她还是放弃了，因为她朝加州海岸望去，除了浓雾什么也看不到。"

女同学问："真是可惜，那么到底距离还有多远呢?"

郭先生说："拉她上船的地点，离加州海岸只有800多米了。当别人告诉她这个事实后，这位女士很沮丧。不过大家别失望，因为柯德威克小姐两个月之后成功地游过了这个海峡。"

学生们听完最后的结果，都露出了"还好"的表情。他们把玩着自己手里的糖果彩纸，跃跃欲试。郭先生对他们的反应很满意，说："嗯，这就是我给你们留的课堂作业。去制订一个目标，然后去完成它。不过，今天我还有最后一颗糖果留给你们，你们在制订完目标、实现的过程中，遇到了困难怎么办?"

学生们异口同声地说："解决困难!"

管家送上来今天最后一种颜色的糖果，李自明剥开彩纸，彩纸上写着：

◆永不放弃，只有两种时候需要你继续前进：你想前进的时候；你不想前进的时候!

郭先生说："当你明确了自己该怎么做，全世界都会为你让路。深山里有两块石头，没有太大的区别。"郭先生捡起花坛里两块装饰用的鹅卵石，说道："但是有一个决定改变了其中一块石头的命运，第一块石头对第二块石头说：'我想去经历一下路途的艰险坎坷和世事的磕磕碰碰，希望自己能够搏一搏，也不枉来此世一遭啊。'"

有同学笑着说："这石头比我还有志气，不行，我也要搏一搏!"

郭先生说："有些人听到这样的话却会像第二块石头一样嗤之以鼻：'不，何苦呢？我们现在安坐高处，一览众山小，周围花团锦簇，为什么要那么愚蠢？路途的艰险磨难会让你粉身碎骨的！'"

李自明说："哎？这句话我听着好耳熟呀！好像有谁对我说过。"

不少同学听到李自明这么说，有些脸红。郭先生说："这样的话，每个人都会在不经意间说起，但是你们从今天起不要再说了，会让自己消极的。"

李自明说："郭先生，那么这两块石头接下来的命运如何呢？"

郭先生说："第一块石头义无反顾地踏上了自己的路途。它随山溪滚落而下，历尽了风雨和大自然的磨难。许多年以后，饱经风霜、历尽尘世之千锤百炼的第一块石头已经成了世间的珍品、石艺的奇葩，被千万人赞美、称颂，享尽了人间的富贵荣华。"

李自明又问："那第二块石头呢？"

郭先生说："起初，它在高山上享受着安逸和幸福，享受着周围花草簇拥的畅意舒怀，享受着盘古开天辟地时留下的那些美好的景观。但是它一听说第一块石头拥有的成功和高贵，就心动了，打算投入到世间风尘的洗礼中，结果还没行动就放弃了。因为它害怕经历那么多的坎坷和磨难，最后它被人砸碎了去盖房子，这个房子却是为第一块石头建的博物馆。"

"好了，今天我要说的就是这些，以后我会教给你们不同的东西，但是同时你们要完成自己的作业。"郭先生说，"如果你们下定决心努力地追求成功，每次来我家里上课，我都会全力为你们解答如何达到目标的各种问题。一定要对自己的问题深思熟虑，我将尽我所能引导你们朝着正确的方向前进。"

几个学生兴致勃勃地准备回学校去制定自己的目标，然后实现它。李自明掏了一下口袋，发现自己的口袋里有两颗糖果，他递给面前这位可能会指导自己走向成功的导师："郭先生，我也送你两颗糖果，虽然它们没有什么内涵，但是很甜。"

"谢谢你，自明。"导师接过糖果，"小伙子，说真的，你的成功很可能
会超出你自己的预期。在我看来，你已经具备了成功者的性格特征。"

"谁，我吗?"李自明很惊奇。

"没错，就是你。"导师剥开一颗糖果放进嘴里，然后递给李自明一张已
经掉了颜色的彩纸，说，"这是我最喜欢的一句话，下次上课再见，谢谢你
的糖，真甜。"

彩纸上写着：

◆懂得与人分享所拥有的东西，是很宝贵的精神财富!

这样，李自明比其他同学多得到了一张彩纸。

为梦想立下军令状

设置了目标后，需要马上行动。
为目标的实现立一张军令状，
促使自己如期完成。

李自明回到学校，打算利用课余时间赚钱为自己买一款新的手机，这天
晚上他把这个目标写在纸上，贴在了自己的床头。他打开那几张彩纸，默读
了几遍，睡着了。过了两天，李自明发现自己贴在床头的目标没有了效果，
虽然自己两天内看到它好几次，却每次都告诉自己："现在还不是行动的时
候，等等吧。"

第三天，他实在忍受不了自己这样的想法，一个人骑上自行车，跑去找

自己的导师郭先生。他来到那栋豪华的别墅前，却没有心情去欣赏它。他摁响了郭先生家的门铃，非常想见到自己的导师。

过了一会儿，那位管家出来迎接他，说："原来是自明，今天郭先生正在会见朋友，没有时间见你。"

李自明很急切地说："不行，我真的有急事想见他。这样吧，我等他。"

这位年轻人表现得很急切，对管家死磨硬泡，管家说："好吧，我可以帮你转达一下你遇到的情况，但是只能说一句话。"

李自明说："怎样可以克服自己在实现目标过程中滋生的懒惰情绪？"

管家点点头，进屋去向郭先生转达。李自明在门外等着，他的心跳一直没有慢下来，他觉得他这次肯定可以实现自己的目标，他缺乏的就是实现它的方法。

过了一会儿，管家走出门，李自明迫不及待地抓起管家的手说："我的糖呢？我需要它。"

管家看到这位年轻人的反应，捂紧自己的口袋说："郭先生让我问问你的目标是什么？"

提到这个，李自明很兴奋地说："我想用自己的钱买一部手机。"

管家点点头说："好吧，郭先生让我告诉你一个故事，现在我们就去。别问我为什么，先别想着不可能，因为自信是你实现目标的前提！"

李自明有些疑惑，但还是和管家来到了附近一家商场，走到出售手机的柜台。

"来，哪一款是你喜欢的？把它买下来。"管家问道。

"你在说什么？"李自明有些莫名其妙，也有些生气，"我没有足够的钱。我是说，我本来是想找工作赚钱的。"

"先别管这个。"管家对自明说，"你喜欢哪个颜色的？"

"就是这款！"手捧真机的李自明根本不想再放下。

"好极了，是你的啦。"管家笑着说。

李自明觉得很诧异："啊？我说过我买不起，我连工作都没有……"

"那好吧，把它放回原处吧。"管家严肃地说。

李自明眼睁睁地看着售货员准备拿走自己手里的手机，他打了一个激灵说道："等一下，我买。管家大叔，你告诉我该怎么做？"

售货员说："我们这里可以分期付款。"

李自明就这样提前把自己希望得到的手机拿在了手里，但是他面临着一个不可回避的问题：分期付款。管家这个时候说："郭先生有东西给你，让我现在给你。"

李自明迫不及待地接过管家的东西，但是这次并不是糖果，而是一张名片，在名片背面写着这样一句话：

◆当你懒惰下来，你就不能实现自己的目标，给自己的目标规定一个期限，然后必须在期限内实现它！

这个时候管家说："你听说过福特汽车公司吧？"李自明点了点头。

管家说："福特先生想为自己公司生产的汽车配备轻型发动机，于是他找到研发小组，要求他们为即将推出的新款车型设计这样的发动机。项目期限快要临近了，研发小组的工作仍然止步不前。他们试过了所有的办法，但都失败了。"

"后来怎样？"李自明问。

管家说："福特对研发小组说：'如果你们认为自己行，或者你们认为自己不行，你们都是对的。但是我可以再给你们 3 个月的期限。'两个月后，福特的研发小组研制出了第一台 V-8 发动机模型。"

李自明说："好，我相信我也可以，到下次见到郭先生还有 10 天，我觉得我可以付清自己手机的欠款。"

管家说："嗯，对了，这里还有一张客人送给你的名片，希望对你有帮助。"

学会分解目标，各个击破

分解目标，各个击破，就会圆满完成军令状中的目标。

李自明听到这句话，有些疑惑，接过管家递过来的另一张名片，背面写着：

◆有了期限，你可以试着把一个目标分解，就拥有了实现自己目标的计划；把你的计划付诸行动，就能实现你的目标！

这个客人的名片上印着的名字叫作李兴。

管家说："郭先生和这位李先生是非常好的朋友，他说'真巧，你这个学生也姓李，我也写一张名片送给他吧'，然后李先生送了你这张名片。能不能告诉我，你现在有什么打算？"

李自明说："我在想我的计划，我怎样做才能赚到这么多钱呢？"

"问得好。那你又会做什么工作呢？"管家说。

"哦，我能做导购、校对、促销、派发、服务员……"李自明不停地列举着自己觉得可以做的兼职，随着他的列举，他的脸上露出了笑容。

管家说："我从未见过如此灿烂的笑容。你现在明白自己该怎么做了，是吗？"

"我想是的。"李自明回答道，"仔细想想，要付清手机的欠款其实办法有很多。原来，我所需要的就是限定一个期限，去催促自己努力，然后分解目标制订计划就可以了。"

"好的，祝你好运。"管家说完，招手叫了计程车，"我先回去了，希望你能顺利达到目标。"

李自明知道，这剩下的事自己是无法回避了。他接受了导师送给自己的礼物——这款提前消费的手机。然后，他一脸自信地离开了商店。

"下面，我要做的是去找一些可以在空闲时间做的工作。"李自明对自己说，"学校的宣传栏有兼职的招聘，还有各种网站的招聘信息……我要列出我可以做的所有工作，然后找到它们。努力工作，目标就能实现，原来我的目标这么简单。"

他路过一间店铺，店铺仿古的装饰吸引了李自明的注意力，他看到店铺门口刻着一句话，李自明非常欣喜地把它记了下来——现在李自明随身带着一个本子，他觉得他每个时刻都要回顾导师教给他的话，然后还要自己积累。

现在他的本子上多出来一条古谚语：

◆ 自助者，天助之！

李自明回到学校之后，就马上开始通过各种途径找工作。

"嘿，李自明，你看起来很有激情啊。"他的同学看到在网站上浏览兼职信息的李自明，走上前去对他说，"干吗不歇一会儿？"

李自明说："我周末的工作找好了，但是我平时课余还有很多时间呢。我没有多少时间休息。今天下午我就要去面试，明天就可以开工了。"

"真是……祝你顺利。"这位同学面对李自明的激情，已经不知道该说什么，"你有空的时候，最好还是歇一会儿。"

"嗯，我知道，谢谢。"李自明盯着电脑屏幕，一脸认真地回答。

李自明伸了一个懒腰，重新挺直了肩膀，又开始记录自己合适的兼职工作信息。同学的关心让李自明觉得自己的生活开始变得充实起来了，他脑子里忽然有了一个新的计划。

善假于物，善假于人

成功需要他人的支持和帮助。
但是，这股东风不是等来的，
而需要我们主动去发现。

今天又到了学生们去见郭先生的日子，虽然是第二次来，但是这栋气派的别墅还是让几个学生羡慕了一番。李自明发现这次比上次好像少了一位学生，并且他听见其中两个学生在谈话：

"我没有完成自己的目标，怎么办？"

"我也没有……不过我想没事的，不就是一个作业嘛。"

李自明看着自己手里的新手机，一股满足的快乐油然而生，因为他已经付清自己的欠款了。

管家和上次一样来接这些年轻人，然后和大家一起走进了这栋别墅。

郭先生坐在客厅里摆弄着扑克牌，大家又坐在导师的对面，这次只有其中两个人很紧张。郭先生把手里的扑克牌放下，问："大家的作业做得怎么样？"

他盯着对面的学生看了 10 秒钟，接着说："嗯，没有完成的就不用告诉我了。"

李自明很激动地盯着他的导师，他很希望把自己的作业第一个告诉老师。

郭先生说："有没有人超额完成自己的目标呢？"

有3个学生举手，其中之一就是李自明，还有那个上次被蒙上眼睛的姑娘和另外一个同学。李自明手里握着自己打印的实现目标的过程，又有点迫不及待了。

郭先生看到这3个学生都表现得非常兴奋，脸上洋溢着笑容，说："你们做得很好。这样吧，你们谁想和大家分享一下自己的收获？"

李自明一直等着这个机会，他说："我，我……"

大家的目光都带着善意的笑意，盯着站起来的李自明，李自明有些不自在，但是当他开始讲起自己这次的经历时，就有些陶醉了："我把我手机的分期付款昨天一次性付清了。我达到了我的目标，用了8天时间，原本我计划用10天的。"

"你确实成功了，而且提前了两天。"郭先生语气温和地说。

"郭先生给我的那些指引真是一点儿不假，我将心思集中在我的目标上，然后设定了期限，制订好自己的计划，结果一切都水到渠成了。我找到了很多兼职，自己都做不完了，于是我想到了一个好点子。"李自明急于表达，说得有些上气不接下气，"我接到的活儿越来越多，可是我只能做那么多的工作。"

郭先生眼睛里似乎也有些期待，打断了他的话，问道："那你是怎么解决这个问题的？这是一个所谓的高水平问题。"

"我想到了解决办法，"李自明非常激动，继续说，"我可以不接这些工作，但是这样就赚不到这笔钱，于是我把所有的工作都接了下来——这可是最精彩的地方，有其他同学羡慕我能够找到这么多的工作，还看到了我的新手机，这样的事情，他们也想去试着做。于是，我帮助一些用人单位找兼职工，将工作介绍给同学，在单位付给同学们工资的时候，我负责领取，并抽取一些中介费。当然，这些都是事先和同学们协商过的。"

"哦，天啊！"有几位同学笑了起来，"你真的做到了！"

李自明也咧嘴笑了起来："同学们很高兴，做兼职的用人单位对我也很热情。同学们都开始开玩笑地称呼我为'老板'了。就这样，我只用了 8 天的时间就赚够了钱。"

郭先生笑着说："我今天刚好要送给你们一句话，这样吧，我先把它拿出来。但是糖果被我吃完了，以后不是糖果了，看这个。"学生们看到郭先生拿起一张扑克牌，扑克牌的花色旁边写着一段话：

◆帮助他人，并借助他人的力量，这样你的成功就有了最大保证！

学生们读完这句话恍然大悟。这句话总结了李自明刚刚讲述的事情，李自明悄悄地把这张扑克牌上的话记在了自己的笔记本上，这时候郭先生说："我把这张扑克牌送给谁呢？"

同学们说："送给李自明吧，我们都记住了。"

为梦想插上标杆 | 为梦想设置一个合理的标杆，为计划制订里程碑，逐个实现。

接着，郭先生又听另外两个学生讲述了自己的经历，郭先生的心情显得很不错。

他说："在没有课的这段时间，有一天李自明同学跑来找我，说他不知道该怎么克制自己的懒惰情绪，他得到了两句话的指导，自明，你可不可以拿来和大家分享一下这两句话？"

李自明说："好的，就写在扑克牌上吧。"

李自明把那天名片上的两句话写到了扑克牌上：

◆当你懒惰下来，你就不能实现自己的目标，给自己的目标规定一个期限，然后必须在期限内实现它！

◆有了期限，你可以试着把一个目标分解，就拥有了实现自己目标的计划；把你的计划付诸行动，就能实现你的目标！

学生们看到这两句话，都是一副恍然大悟的表情。

郭先生说："今天来的同学好像少了一个啊。"

某个同学回答说："他说他不想去做作业，也不想来上课。"

郭先生点点头说："这样啊，这种课程，学员流失是一件正常的事情，我预料到了，却没想到这么快就有人放弃了。这个同学根本没有动手去做，肯定不可能达到自己的目标。你们这次来，有没有什么问题要问呢？我想看看你们的思维是不是已经走上了迈向成功的轨道。"

一位同学发问道："老师，这次我为目标也制订了计划，但是在后来快要达到目标的时候，我觉得达到这个目标真的很难，到后期慢慢地没有了热情。这次的目标，是靠着毅力坚持下来的，但是我觉得假如它再困难一些，我肯定就会失败了。"

郭先生说："嗯，这个问题问得好。你刚才听到李自明的例子的时候，你发现你们计划的差别在哪里了吗？"

这位同学摇头，说："难道是我的计划不够具体？"

郭先生说："是你不知道奖励自己，没有给自己设立里程碑。我们一起来做个实验怎么样？就像上次那样，亲身体会一下。但是，这次不是一个人了，大家一起来。"

同学们对这个提议很感兴趣，郭先生说："这样，我们分为3组，然后你们分别沿着公路向不同的目标出发，具体的事情我吩咐给你们的组长。"

郭先生叫来自己身边3个同学："你带领第一组去一个叫作玻璃的礼品店，然后再回来。不远，步行去吧。一直向东走。"

郭先生接着对第二组的人说："你领着你的组员从这里往北走，两公里的地方有个电影院，帮我带张后天的电影票回来。"

郭先生接着对第三组的人说："这里有地图，有详细的标注，也是两公里。你们去这个位置的商场，然后帮我带那个商场的宣传海报回来，去吧。"

第一组的同学只知道要去的地方的名字，但不知道路程有多远，学生们只好跟着组长走，结果不知道走了多远，有人开始抱怨了："我们到哪儿了？还没到吗？"

组长耐着性子说："忍忍，估计应该快了，我打听不到。"然后又过了一会儿，有人已经愤怒了，他们开始抱怨为什么要走这么远，甚至有人坐在路边不愿走了，组长也受不了了，叫了计程车，几个人就这么回来了，郭先生说："怎么样？"

几个同学垂头丧气地说："没有走到，根本不知道还有多远。"

第二组的人知道目的地的名字和路段，但路边没有里程碑，同学们只能凭经验估计行程时间和距离。走到一半的时候很多人想知道他们已经走了多远，其中，组长说："大概走了一半的路程了，大家加加油。"于是大家又继续向前走，他们没有第一组人那么多的抱怨，当走到全程的3/4时，大家的情绪有些低落，但是路程并不长，倒没觉得疲惫，有人抱怨道："怎么还没到？我没觉得两公里这么长过啊。"组长说："快到了！"大家又振作起来加快了步伐，最终还是走到了那个电影院。他们在第一组到达之后不一会儿也坐车回到了郭先生家，组长把电影票交给了郭先生。郭先生说："看上去你们有点累呀，不过比第一组状态好很多。"

第三组是李自明所在的组，现在正嘻嘻哈哈地往回走，每个人手里捧着自己喜欢吃的零食，大家边走边聊天，组长看着手里的地图，不断告诉大家还有多远。李自明说："组长，不用这么频繁吧，大家都不担心路程。"组长耸耸肩，和大家一起聊着笑着，他们是最后一批回来的，但是所有人和出发前相比基本没有任何疲惫之色。

郭先生说："我的海报呢？"组长递上来，脸上的兴奋之色还未褪去。

对比了一下三方的状态，那个提出问题的男孩子说："差距这么大！怎么回事呀？"

郭先生讲述了他们之间的差距，提问题的同学说："真的是这样子啊，那我下次制订计划的时候要注意给自己设定里程碑了，不能只想着最终的结果。"

上次被蒙上眼睛的女同学说："当时我被蒙住眼睛，如果有人告诉我向前迈几步可以到达围墙，路面是否平坦，我觉得我就不会那么无所适从了。"

郭先生拿出笔，在一张扑克牌上写道："为自己的计划制订里程碑，行动的动机就会得到维持和加强，就会比较容易克服困难，努力达到目标。"然后把这张扑克牌送给了刚才提问的那个学生。

李自明在自己的本子上写下了这句话：

◆给自己定一个目标，目标要高于现实但要可以实现，然后努力去实现，并记下每天的点滴进步，经常回顾自己进步的记录，在达到阶段性目标的时候奖励一下自己，增加愉快的体验。

仰望星空，脚踏实地

短期目标和长期目标的协调，
就是个人前途和眼前利益的协调。

郭先生说："关于目标的问题大致就是如此，最后我希望大家有个认识。就像上次那个同学说，猎人在打野鸭的时候，可以先打下一只，接着再打第二只、第三只……我们要设立目标，要有近期目标和长期目标的划分，既要脚踏实地，又要高瞻远瞩。"

有同学说："我一直认为，这两个东西是冲突的。当我花时间去完成近期目标，就没时间去完成长期目标了。因为近期目标总是会不断出现，我就需要不断地来完成，同时就没有去完成长期目标的时间了。"

李自明也赞同地说："我这次的目标是买一个新的手机，然后我做到了。但是我的最终目标是买一栋这样的房子。我把自己赚来的钱花掉了，这根本不利于我以后存钱去买这样的房子啊。"

郭先生说："之前我们讲的，是将你们自己的需求制订为目标来实现。但是，人除了需求之外，要有自己的规划。比较通俗地说：就是将个人前途和眼前利益相协调。就是说，在以后你们要把自己的长期目标分解成无数个短期目标，让自己的规划来占据主动，让你们的需求成为顺便得到的生活赠品。"

李自明说："哦，是这样子啊……这次我制订的目标是我的眼前需求，而没有去想它是不是可以帮助我实现以后的目标，看来这次的时间都浪费掉了。"

郭先生说："自明，你这次没有浪费时间，这个短期目标让你学会了制订目标、做出规划，并且实现它，让你学会了赚钱的手段，为你以后实现更大的目标埋下了一颗种子。我们来分享一句话，管家……"

管家这时候从柜子里拿出来一张很大的壁画，放在桌子上，画上是一条登山之路，路很长，一眼望不到边。

画上写着这样一句话：

◆我们不知道生命的长度，但是我们可以扩展生命的宽度，如何在有限的生命当中创造出无限的可能，让生命迸发出成功的火花，这就是人生规划所要解答的问题！

郭先生说："这个我不能送给你们，我买回来准备挂在卧室的。这句话说得很好。当我们树立了长期目标，不断地重复和巩固它，接着我们就会像分解近期目标一样，将长远计划分解，使这个目标的可实现性不断地增强。当你的长期目标深入到潜意识当中，你就会朝着这个目标迈进，每一次脚踏实地地达到近期目标，实际上就是成功达到自己长期目标的一个阶段。"

一位同学说："在《隆中对》中，诸葛亮为刘备分析了天下形势，提出先取荆州为家，再取益州成鼎足之势，继而图取中原的战略构想，原来和我们说的长远目标和近期目标是一个道理啊。"

几个同学和郭先生聊得很好，李自明一直忙着在自己的本子上记录，他先记上了郭先生那幅画上写着的那句话，然后在自己本子的首页醒目地标出了几个大大的字："一栋豪华别墅——我的长期目标。"

郭先生说："对于目标的问题，基本就是这些了，大家一起来回顾一下我们这堂课的内容。"

大家拿出糖果纸，有的拿出自己的笔记，先后念出了他们在这堂课上学到的那些话。

青春感悟

◆自信是实现目标的前提，相信自己，并朝着自己的目标迈进吧！

◆梦想距离你并不遥远，只是你还没有采取行动。

◆成功与失败的唯一区别在于克服恐惧，付诸行动。

◆确定目标，并确定与目标的距离，才能找到方向，才不会在黑暗里无所适从。

◆永不放弃，只有两种时候需要你继续前进：你想前进的时候；你不想前进的时候。

◆懂得与人分享所拥有的东西，是很宝贵的精神财富。

◆当你懒惰下来，你就不能实现自己的目标，给自己的目标规定一个期限，然后必须在期限内实现它！

◆有了期限，你可以试着把一个目标分解，就拥有了实现自己目标的计划；把你的计划付诸行动，就能实现你的目标。

◆帮助他人，并借助他人的力量，这样，你的成功就有了最大保证。

◆我们不知道生命的长度，但是我们可以扩展生命的宽度，如何在有限的生命当中创造出无限的可能，让生命迸发出成功的火花，这就是人生规划所要解答的问题。

◆给自己定一个目标，目标要高于现实但要可能实现，然后努力去实现，并记下每天的点滴进步，经常回顾自己进步的记录，在达到阶段性目标的时候奖励一下自己，增加愉快的体验。

Part 02
强大的内心，需要奋不顾身的信念

要想实现自我超越，塑造一个强大而丰实的内心是必经之路。人生就像行舟，如果是顺水，那就需要快马加鞭，奋起直追，争取第一个到达目标；如果是逆水，那更需要迎难而上，奋不顾身，全力以赴，只为早日到达成功彼岸。

塑造强大的内心

认识自己，接纳自己，相信自己，将自己塑造成一个内心强大的人。

今天的天气很不好，同学们坐在郭先生的家里，看着窗外滂沱的大雨，都很庆幸自己是坐在屋子里，而不是奔波在雨中。郭先生坐在学生们的对面，手里拿着几封信，正在一封一封地认真阅读。李自明翻阅着手里的笔记本，他笔记本里的记录比同学的记录多一些，很多是他自己收集的。

管家从外边回来，全身都湿透了，他和郭先生与学生们打了个招呼，进里屋去洗澡换衣服。

郭先生和学生们看到管家的狼狈样子，都被逗乐了，郭先生面带笑意地问："同学们，假如你们新买了一件外套，刚穿在身上，就被淋得和管家一样，你们的第一反应是什么呢？"

一位同学说："我想我会很不高兴，埋怨这该死的天气。"

同学们听到都笑："我觉得我们也是。"

郭先生笑道："一般人的反应都是这样子，那么这种心情会影响你多久呢？这个才是问题的关键。"

这位同学接着说："假如刚好那段时间我心情不好，我想我就会很久都在生闷气。如果心情好，回到家洗个澡之后就没事了。"

郭先生说："每一个成功者都有一颗强大的内心，我们这次的课程就从这件湿了的外套说起。当你心情不好的时候，你的工作、学习、生活会不会受到影响？"

众人点头，都表示这是肯定的。李自明在自己的本子上记录下了这个细节，他知道郭先生要开始讲课了。

郭先生说："其实，管家今天全身的衣服都是新买的。"

李自明说："老师，这是很小的一件事而已，似乎没有隐藏着什么东西啊。"

郭先生说："培养一颗强大的内心的前提是什么呢？"他拿起一封信，从信封里拿出一个人物的简介，上面写着一个很多人都熟知的名字：海伦·凯勒。郭先生说："被雨淋湿了外套是小事，很多人都会很快走出这件小事的阴影，是因为你们可以接纳这个阴影下的自己。但是，假如这不是一场雨，而是一场大的灾难，你还能不能走出阴影呢？"

一位同学举起手问："老师，她是谁啊？"

郭先生把海伦·凯勒的简介递给桌子对面的学生说："你不知道，那这个简介送给你了，这个简介是我很久之前邮寄给一个偏远地区的孩子的。"

这位同学拿着这张简介，读了起来："先接纳自己，然后正确地认识自己，再接着才能塑造自己强大的内心！"

郭先生说："这是我写给那个孩子的，我觉得海伦·凯勒的故事你们每个人都应该了解一下。"

其他学生说："我们都知道……"

郭先生做了个嘘的动作，示意这位同学往下念："海伦·凯勒，美国残疾教育家。19 个月大的时候被猩红热夺去了视力和听力，也失去了说话的能力……她并没有放弃，在导师安妮·莎莉文的帮助下，顽强地克服了生理缺陷所造成的精神痛苦。她学会了读书和说话，并开始和其他人沟通……毕业于美国哈佛大学拉德克利夫学院……掌握英、法、德、拉丁、希腊 5 种语言……"

这位同学抬头问郭先生："这是真的吗？"

郭先生点点头，接着说："我想说的是，如果你们的遭遇像海伦一样，你们还可以像脱掉被雨淋湿的外套那样简单地接纳自己吗?"

这个问题有些沉重，海伦的苦难让每个学生都觉得超出了自己的承受能力，甚至根本无法想象出海伦的感受。

李自明说："还好……还好，我是健康的。"同学们互相看看，听到这句话都觉得心里好像松了一口气。

郭先生说："嗯，没错，你们是幸运的。但是，每个人都不是完美的，你们能不能接纳自己的缺点，会决定你们能不能正确地认识自己，培养自己的能力。不能接纳自己的人就像小孩子。小孩子新买的衣服被雨淋湿了，他们会发脾气，而不把衣服脱下来。想要脱颖而出，就要接纳自己、认清自己，让自己变得强大起来。下边我会讲到一个青年，但是在此之前我要问你们一个问题，你们觉得自己可以登上珠穆朗玛峰吗?"

一位同学说："没想过，这样的运动太危险了，我并不觉得我这样认为是胆小懦弱的表现，只是我觉得自己追求的不是这个。"

郭先生说："嗯，不错。可以理性地看待自己，就是一种接纳自己的心态。我要讲的是英国一个名叫斯尔曼的残疾青年，他的腿患上了一种病症——慢性肌肉萎缩症，走路都走不稳，但是他还是创造了许多连健全人也无法想象的奇迹。"

李自明说："他登上珠穆朗玛峰了?"

郭先生点点头说："他坚持锻炼，用自己坚强的意志弥补了自己的缺陷，19岁那一年，他登上了世界屋脊珠穆朗玛峰;21岁那一年，他征服了著名的阿尔卑斯山;22岁那一年，他又攀登上了他父母曾经遇难的乞力马扎罗山;28岁前，世界上所有的著名高山几乎都被他踩在了脚下!"

同学们目瞪口呆，郭先生说："如果他不接受这样的自己，他会是一个什么样的结果呢?"

有同学说："很明显，他就只能是个自暴自弃的残疾人了。"

李自明在自己的笔记本上写下这句话：

◆先接纳自己，然后正确地认识自己，再接着才能塑造自己强大的内心！

丰实自己的心灵

正确面对空闲，

使自己拥有一颗丰实的心灵。

窗外的雨还在下，同学们记录下今天老师教导的第一句话。管家换了一身衣服，端着几杯热茶送上来。

李自明问："郭先生，平时你闲下来后都会做什么？我平时在学校，闲下来就会觉得很无聊，但又不知道该做什么。"

一位同学插嘴说："自明，你可以一直给自己制订目标，不让自己闲下来。这段时间，我就是这样……"

李自明看看这位同学，觉得他的神色很疲惫，问道："你多久没好好休息了？"

这位同学说："不知道啊，实现目标的感觉已经让我沉迷了……"说着，打了个大大的哈欠。

在座的人都哈哈一笑，郭先生边笑边挥手说："这位同学，这样子是不行的。人要保证自己的休息时间，才可以保证健康和精神。这次你的作业就是回去好好睡几天觉。说到清闲这个问题，很多人就会想到一个词'无聊'。不知道大家清闲的时候都去做什么了？"

"有的时候去看看书……"

"去和别人一起聊天……"

"上网、打游戏、睡觉……"

大家七嘴八舌地说完，郭先生说道："你们很浮躁啊！拥有强大的内心，第二个要点是要能够正确面对空闲，有一颗丰实的心灵。现在的很多年轻人都是这样子，上了大学，应该努力的时候却开始放纵自己。你们的心灵太空洞、不丰实。"

郭先生在信封的背面写下一段话：

◆内心的空洞会导致浮躁与无聊；然而丰实的内心能使你明白自己应该去做什么以及怎么去做！

郭先生说："当你可以接纳自己以后，你就要试着去充实自己的心灵，不然你会浪费掉很多宝贵的时间。"

郭先生又拿起一封信，拿出一张人物的简介："这个人是亚伯拉罕·林肯，美国的第 16 任总统。"

刚才不知道海伦·凯勒的学生踊跃地举手说："老师，我知道林肯！"

郭先生说："林肯以及很多伟人的个人简介里都有一句同样的话：在艰苦的劳作之余，伟人始终是一个热爱读书的青年，他夜读的灯火总要闪烁到很晚很晚。这是个很有趣的现象，因为这些人都知道该如何利用自己空闲的时间。"

李自明问："难道，休息的时候只能看书吗？这才是一颗丰实心灵的表现？"

郭先生说："不，自明，你陷入了一个误区。当你确定了目标的时候，你的内心是丰实的，你知道自己该做什么；当你闲暇之余需要放松的时候，你就不知道自己的目标应该怎么制订了。目标可以分成：奋斗的目标、休闲的目标。有目标的时候你充满斗志，但是休息的时候，你偏偏会比努力的时候更疲惫，因为你不知道该怎么休息，这个时候你的心则变得不丰实了。"

另外一位同学说："郭先生的意思是，丰实的心灵并不单单是说一个人读过多少书籍，或者拥有多少知识，而是在处于一种没有人指导的环境或者状态下，你知道自己该怎么做，而不是不知所措。对吗？郭先生。"

郭先生点点头，看到李自明打开自己的笔记本，飞快地写着什么。郭先生想："李自明这个学生虽然不是很聪明，但是很踏实，懂得努力。"接着他开口说，"今天的课，只能上到这里。因为剩下的知识不是我说出来就可以的。我准备了其他几句箴言送给你们，你们下周带作业来见我。"

"啊？"同学们一脸茫然。

郭先生提醒道："别茫然了，你们想要培养一颗强大的内心，就要学会丰实自己的心灵，让自己去面对现实！你们的内心真是让人担忧的空洞……当你不知道自己该做什么的时候，打开这些箴言看看，我想对你们是有帮助的。"

管家从兜里拿出几封信，学生们人手一封。李自明没有打开，直接装进了自己的书包，他在笔记本上写下了刚才郭先生说的话：

◆ 当你不知道自己该做什么的时候，看看自己的箴言，这对你有帮助！

郭先生说："我希望你们可以接纳自己，丰实自己的内心，知道怎么面对失败、怎么面对现实，培养一颗成功人士应该有的强大内心。目标为一个人努力奋斗标示了方向，但是如果你没有一颗强大的内心，你的内心很容易被无聊和浮躁占据，你的斗志很容易被困难所挫败。"

窗外的天空已经晴朗起来，学生们拿着自己的信封和老师告别，每个人心里的想法都不一样。郭先生和管家都很期待：学生们下次会带来什么样的作业呢？

用行动走出迷茫

强大的心灵知道眼前的迷茫
抑或困难都是暂时的，
并会找出解决之道！

同学们走出气派的别墅，李自明深呼吸了一口气，觉得雨后的空气让他神清气爽，但是他忽然听到两三个同学在抱怨：

"不行了，下次不来了。"

"就是，这位郭先生根本就是在敷衍我们嘛。"

"不管了，不管了，我们去唱歌吧……"

其他同学听到这些话，各自都有不同的表情，李自明暗暗攥紧了手里的笔记本，大踏步先走了。

回到教室，李自明的情绪有些低落，那几个同学说的话还是对他产生了影响。

他想看看时间，拿出了自己的手机，他忽然全身一震："对啊！我的手机……我的手机，就是按照郭先生所说的去做，然后才自己赚钱买到的，我竟然怀疑郭先生的话。"他的情绪又高涨起来，他拿出那个信封，从里边拿出第一张箴言：

◆给你希望的不是别人，而是你自己的心灵。强大的心灵知道眼前的迷茫抑或困难都是暂时的，并会找出解决之道！

李自明闭上眼睛，心想："我要培养一颗强大的心，首先要接纳自己，接着让心灵丰实，然后对自己充满希望，让我的心灵告诉我应该怎么去做。那我应该怎么做呢？对了，我应该制订我的目标……"

李自明想到这里，飞快地打开自己的笔记本，写下一段话："原来一切都是这样水到渠成，当我接纳了自己，我就知道了自己缺乏什么，紧接着我就知道自己的目标应该是什么！这次，我才明白了目标应该是什么，而不是需求！"

李自明再度看到拿的第一张箴言，发现自己的状态竟然和箴言描述的完全吻合，他激动得立即起身回到宿舍，他要制订自己的计划。在路上，他被同学喊住："自明，一起去唱歌吧！"

李自明匆匆地招手道："我还有事，不好意思……"

回到宿舍，李自明打开自己的笔记本，开始制订起自己的计划。

他自言自语道："我的演讲能力很差，以后肯定会限制我的发展，这次我就来锻炼自己的演讲能力吧。我应该先怎么办呢？"

李自明上网搜索了一下，发现这样一段话："……苏格拉底曾经是个结巴。为了苦练口才，他曾嘴含石子训练，冬练三九，夏练三伏，每日不辍，苦心人，天不负，苏格拉底终于练就了三寸不烂之舌，成为一位叱咤风云的演说家……"

接着他又找出了最近社团举办的以及校外的一些演讲比赛的信息，将自己的计划表格填好，然后起身准备出门。

他的同学看到他行色匆匆的样子，问："自明，你要去干吗？"

李自明说："哦，我要去找一颗可以含在嘴里的石子。"

这位同学说："啊？虽然我不知道你要做什么，但我可以帮你。"

李自明忽然想起了一句话，他打开自己的笔记本，上面写着："借助他人的力量，这样你的成功就有了最大保证。"

李自明很开心地说："好的，谢谢。那么，你就和我一起来寻找这颗石子吧！"

用乐观照亮前行的道路

当遭遇失败时，别忘了自己内心深处那一直为自己照亮道路的积极乐观心态。

这是个美好的下午，李自明和同学从学校外边演讲回来，李自明神采奕奕，他的同学垂头丧气。李自明说："你怎么了？是我输了比赛，又不是你输了，你怎么垂头丧气的？"

同学说："你……我真不知道你在想什么。你刚才上台连话都说不好，无语了30秒，现在你怎么神采奕奕的？"

李自明说："今天才是第一天，我有什么好颓废的？我明天还有两场演讲呢，我相信我会做得很好的。"说完，李自明把一颗小石子放进嘴里，开始练习演讲。

晚饭过后，李自明回到宿舍，手里拿着一张新打开的箴言：

◆强大的心灵深处，照亮前进道路的灯火就是"积极与乐观"。灯火不灭，航船永远找得到方向，水手永远不会绝望！

这句话念完，李自明把嘴里的石子取了出来。他发现箴言的背面有一段励志故事：

有一位日本武士名叫信长。有一次，在面对实力比他的军队强10倍的敌人时，他决心打胜这场硬仗，但其部下却表示怀疑。

信长在带队前进的途中让大家在一座神社前停下，他对部下说："让我们在神面前投硬币问卜。如果正面朝上，就表示我们会赢，否则就是输，我们就撤退。"部下赞同了信长的提议。

信长进入神社，默默祷告了一会儿，然后当着众人的面投下一枚硬币。大家都睁大了眼睛看——正面朝上！大家欢呼起来，人人充满勇气和信心，恨不能马上就投入战斗。

最后，他们大获全胜。一位部下说："感谢神的帮助。"

信长说道："是你们自己打赢了战斗。"他拿出那枚问卜的硬币——硬币的两面都是正面！

李自明坐在床上读完这个故事，很受鼓舞。回想了今天的经历后，李自明觉得精神有些疲惫，今天一整天他都在练习演讲。他自言自语道："休息是我的目标，我想睡个好觉……"

那位同学回到宿舍，发现李自明舒舒服服地安睡在自己的床上，手里捏着一张硬纸。同学拿过来看到几个字："强大的内心……"

翌日下午，李自明开心地冲回宿舍。他欢呼雀跃着进了门，冲他的同学哈哈大笑，开心得来不及说话。他的同学接过李自明手里的一张奖状：恭喜李自明同学，荣获演讲比赛第八名，以资鼓励。

这位同学的嘴巴张得很大："自明，你真的做到了！你昨天不是还……"

自明说："没时间了，我还要去练习，奖状你帮我贴在我自己看得到而别人看不到的地方，谢谢……"

几个小时后，已经快接近 10 点，李自明推开宿舍的门，身心疲惫地走进来，他发现宿舍的那位同学已经睡了，他轻手轻脚地拿出自己的衣物想去洗澡，忽然借着走廊的灯光看到自己的柜子里贴着自己的奖状，奖状上还写着一段话："我相信你一定可以成功的，虽然我不知道我为什么要相信你，你就是个疯子。"

李自明笑笑，把这句话也摘抄进了自己的笔记本，并在后边加上了一段话：

◆积极与乐观可以影响你四周的人，为你带来他人的信任！

时间在忙碌中过得飞快，李自明的表格已经填到了最后一天的下午。这是他最后一次的演讲比赛，在经历了很多次比赛之后，李自明觉得演讲比赛不过就是一项很平常的赛事，他已经不再紧张，他在台上表现得大方而自然。

他在上台前 5 分钟重新看了一眼自己的演讲稿，然后把它撕碎扔进了垃圾桶。他深呼吸一口气，一种发自内心的愉悦感油然而生："我好像从来都没有这么自信过，这就是强大的感觉吗?"他面带笑容走上了讲台。

你乐观，世界才能洒满阳光

用乐观的心态看世界，
前途是无限美好的，充满希望的，
我们的生活就会充满阳光。

今天来到郭先生家门前的学生明显分成了两拨，左边这拨只有 4 个人（其中包括李自明），4 个人互相微笑着点点头，没有说话。右边的一拨同学在叽叽喳喳地讨论着什么，显得心不在焉，好像根本不关心今天郭先生要怎么询问他们的作业。之前对于豪宅的惊羡感觉，在来了几次之后也都消失殆尽。

管家照旧来带学生们进门，左边 4 个人向管家点了点头，道了声谢，前后整齐地走进了院子。后边的学生跟在背后，开始议论这 4 个人。

"我怎么觉得他们4个今天怪怪的。"

"几天不见，好像变了不少……"

"我怎么觉得他们身上好像多了一种说不清的东西。"

管家听到学生们的议论，搭话说："嗯，我看也是，好像气质里多了份自信和谦和，这次课程的训练初见成效了，换句话说他们现在已经有了一颗强大的内心。"

后边的学生跟着管家进屋，看到郭先生在和先进屋的4个同学说着话。4位同学的一举一动都很自然得体，流露着上一次上课时没有的气质，郭先生面带微笑，好像很开心。

郭先生见学生们到齐了，问道："你们的作业做得怎么样?"

这次的状况有些出乎意料，郭先生听到了学生各种各样的借口，得知这几位后来的同学都没有完成作业，郭先生的表情有些严肃，他问："你们有试着去做吗?"

学生们都点头，都表示自己动手去做了。

郭先生说："人生不会一帆风顺，通往成功的路注定坎坷。而心态正是横在人生之路上的双向门，人们可以把它转到一边，进入成功;也可以把它转到另一边，进入失败。"

没有完成作业的一位同学说："老师，你是说不是我们成功不了，是我们没有选择成功吗?"

郭先生说："你们已经走进了失败的那扇门，而且还在为自己找借口。没有端正的态度，没有人可以帮你。"

听到这句话，李自明从兜里掏出一张箴言卡，这张卡上这样写着:

◆你若没有坚决的态度，并且找借口为自己的失败辩护，那么谁也不能救你，你的内心永远不能真正强大起来!

在李自明参加演讲比赛的过程中，这句箴言对他起到了很大的激励作用。现在面对那几个放弃了成功的同学，李自明觉得这句话并没有夸大其词。

郭先生的口吻很严肃，那几个没有完成作业的学生坐在沙发上埋头不语。

郭先生接着做了一件事，让所有的人都惊异了。郭先生从桌子上拿起一个笔记本，然后撕下来一张白纸，问大家："这张纸有几种命运？"

学生们一时愣住了，没想到郭先生居然会问这么奇怪的问题，一时没有人回答。郭先生把纸扔到地上，又当着大家的面在纸上踩了几脚，纸虽然没有沾上灰尘，但是已经有了褶皱。郭先生又问："这张纸有几种命运？"

"这张纸现在变成废纸了。"有学生皱着眉头说。

郭先生不置可否，弯腰捡起那张纸，把它撕成两半后又扔在地上，又问道："现在呢？"

学生们都被郭先生的举动弄糊涂了，不知道他到底要说什么。先前那个学生答道："它还是一张废纸。"郭先生不动声色地捡起撕成两半的纸，很快在上面画了一幅人物素描，还配了一首诗，而纸上的脚印恰到好处地变成了少女裙摆上美丽的图案。

这时郭先生举起画问："现在请回答，这张纸的命运是什么？"

学生们一下子明白了郭先生的意思，干脆利落地回答说："一张漂亮的图画！老师，您赋予这张纸艺术价值。"

郭先生说："大家都看见了吧，一张不起眼的纸片，以消极的态度对待它，它就一文不值；以积极的态度对待它，给它一些色彩和力量，纸片就会起死回生。一张纸片可以被当作废纸扔在地上，被踩来踩去，也可以作画写字，孩子还会拿来折成纸飞机，飞得很高很高，使人仰望。一张纸片尚且有多种命运，更何况你们呢？一张纸片是这样，一个人也是这样啊。命运如纸，只要保持一种乐观的心态，无论你现在的条件如何，怎样变化，遭受怎样的挫折与磨难，你依然可以实现自己的价值。"

那位同学说："老师是说我们对自己的态度就是把自己扔在了地上，没有全力以赴?"

郭先生说："没那么严重，你们顶多算是把自己闲置在了桌子上，之前是一张白纸，现在还是一张白纸。你说你行动了，但是你行动的程度如何?"

该同学没有回答。

李自明说："我记着一段话：用乐观的心态看世界，前途是无限美好的，充满希望的，我们的生活就会充满阳光。"

郭先生说："乐观的心态能把坏的事情变好，悲观的心态却会把好的事情变坏。发牢骚的人，第一个受害者是他自己。消极的东西像水果上发烂的部位，当有一处腐烂，它会迅速将好的那部分污染坏。要想阻止继续变坏，就必须将已经坏的部分清除掉。在人生的路上，保持乐观的心态非常重要，不然你就只好在原地不动。只有拥有上进心才能避免陷入困境，才能避免生理和心理上的惰性疾病。"

郭先生接着说："我有一个朋友，有一段时间他的工厂裁员，一个工程师和一个普通女工都下岗了，你们猜测一下这两个人后来的发展状况如何。"

有位学生说："那位工程师肯定会比那位普通女工发展得好，这是显而易见的。"

郭先生说："没错，刚开始大家都这么认为，都说那位工程师有知识、有技术，肯定会找到一份新的好工作，可是结果并不是这样的。因为什么呢?就因为她态度不端正，工程师对自己下岗这件事耿耿于怀，她愤怒、吵闹，但都无济于事。她的心里很不平衡，她始终觉得下岗是一件丢人的事。她整天待在家里，不出门见人，更没想到要重新开始自己的人生。孤独忧郁、闷闷不乐的心态一直影响着她。她的身体原本就不好，血压高，下岗让她终日忧郁。她一直拒绝改变这种生活态度，她一直强调自己无法解脱。结果，她不但没有像大家预想的那样再创新高，反而身体更加糟糕了。"

几个学生听完这段话，又都沉默下来，李自明问："那么，另外那个女工呢？"

郭先生说："女工的态度和这位工程师大不一样，虽然很多人都垂头丧气，但是这位女工没有，她想有些人没有固定工作都可以活得很好，那她也可以活得很好！她平心静气地接受了现实，然后分析了一下自己的优势和劣势，她觉得自己对烹调非常在行。她借钱开起了一家火锅店，生意十分红火，一年后，她还清了借款，还扩大了火锅店的规模，在当地可是小有名气。"

郭先生说："好好看看你们的那句箴言，没有坚决的态度，不要说内心的自我培养，其他的什么事情你们都做不好。现在你们还年轻，不要让自己的态度毁掉了自己的前途。很多时候，我们不能选择生活的境遇，但我们可以选择坚强而自尊的态度；我们不能选择生活给予我们什么，但我们可以选择积极而乐观地回报生活什么。在人生中，我们要用积极的心态不断地努力，因为我们都是冠军。对于坚强者来说，一次逆境就会造就一粒等量大的、能克服困难的种子！"

拥有战胜苦难的乐观之心

用战胜一切困难的乐观心态造就强大的内心，

最终，你会到达人生光明的正面！

　　接着，郭先生要求完成作业的 4 位同学讲述自己完成作业的过程。李自明听完前面 3 位同学的讲述，从背包里拿出一个证书递给郭先生。郭先生打开证书，念道："李自明荣获演讲比赛第一名……这是你的证书啊？"

　　一位同学惊讶地说："老师，证书能拿给我看看吗？"

　　这位同学接过证书："不会吧？自明在我们班不大爱说话，演讲得第一名……这是真的吗，自明？"

　　李自明挠挠头，被这位同学这样一问有些不好意思了。他说："我就是知道自己的演讲功底差劲，才去参加了这么多的演讲比赛的。我先后参加了不下 20 场比赛，我觉得每场比赛下来我都有进步。你们看这个……"

　　李自明抽出了一张箴言卡片：

　　◆一个人要变得强大就像是在攀登，无论站在山的哪一侧，只要向上攀登，面前必然是逆境！

　　他接着说："我觉得演讲这种能力是可以后天锻炼的，而且我知道这个能力对于以后我的发展很有帮助，我想变得强大起来，反正向上攀登都是逆境，就勇敢地努力呗，对自己的缺点感到恐惧或者悲观只会让自己失败。"

对李自明的成绩表示惊讶的学生接着问他："你就是靠着这几张箴言卡和不断地参加比赛实现了自己的目标?"

李自明又从包里掏出一颗石子给所有在座的人看,他很认真地说:"我在网上看到,当年苏格拉底说话结巴,他为了锻炼自己的演讲才能,含了一颗石子在嘴里,每天对着大海演讲,我就找了一颗石子,把石子含在嘴里自己练习,虽然现在演讲得还远不够好,但是已经进步很多了。"

这段话彻底折服了那位同学,他坐在沙发上愣神,其他同学的目光聚集到郭先生身上,郭先生拿回证书,从口袋里拿出一支钢笔,问李自明:"自明,我可以在你的证书上加一段话吗?"

自明很兴奋地点点头:"求之不得呀!郭先生您写吧。"

郭先生写道:

◆如同一枚硬币的两面,人生也有正面和背面。强大的内心会使人到达光明、希望、愉快、幸福的正面;黑暗、绝望、忧愁、不幸是人生的背面。面对逆境,战胜恐惧和悲观,迎难而上!造就强大的内心,最终,你会到达人生的正面!

郭先生说:"这句话,是一个水手告诉我的。他每次出海都面临着危险,大海的力量是无穷无尽的,不想被它吞噬,每次都要做好准备。这位水手并未向我讲起他经历过的故事,他总是拿哥伦布的故事和我共勉。"这个时候管家搬上来一幅巨大的油画,几艘巨大的帆船迎着夕阳行驶在无边无垠的海面上。

郭先生问:"你们谁能告诉我哥伦布的事情?"

李自明说:"当时哥伦布想要绕过大西洋到达东方,但很多人都嘲笑他,说哥伦布到不了东方。但是哥伦布的态度很坚定,带领着自己的船队上路了,就像这幅油画里一样。"

郭先生接着问："中途的事情，你们有人听说过吗？"

另外一位同学说："好像就在快要找到新大陆的前几天，他们因为遇到了暴风雨而迷失了方向，以至于船员都要暴动了。"

郭先生说："嗯，是啊，漂泊了很久，在海上看不见陆地的影子，淡水和食物一天比一天减少，以至于船员暴动，除了哥伦布以外，所有人都喊着要回去！但是，哥伦布说服了船员，让船员给他 3 天时间，如果没有进展就班师回朝。结果，他在第三天找到了大陆。"

有个同学提问道："老师，可是哥伦布并没有到达东方啊！他成功了吗？"

郭先生说："我们要看到的是哥伦布面对逆境的态度，虽然他没有实现自己的目标，但是他的发现堪称伟大！"

突然另外一位同学提出异议："郭先生，你给我们列举了很多例子，但是我觉得这些都和我们不一样，比如这个哥伦布，他们遇到的困难危及到了他们的生命，所以他们必须去战胜困难，而我们……"

郭先生摆手打断了这位同学的话："在你们第一次来到我家的时候，很多人都在为我的别墅疯狂，可是你们现在已经麻木了，你们的潜意识里已经回到了之前的想法'我不可能得到这样的别墅的'。正如这样，你们连一点小事都做不好，都不能坚持，当你们面对毁灭般的逆境的时候，你以为自己就可以战胜困难、拯救自己吗？面对逆境，你们的内心是恐惧的、悲观的，这样的内心，你们怎么能取得成功呢？"

那位同学哑口无言。

不为失败找借口

勇于承担责任，

不为失败找借口，只为成功找方法。

郭先生说："其实你们缺乏的就是责任心，如果你们对自己负责任，你们就不会给自己找如此多的借口来阻碍自己成功。"

一位没有完成作业的同学举起了手，说："郭先生，我不想一直这样下去。放纵自己肯定不会成功的。我应该怎样才能对自己负责任呢？"

郭先生听到这句话，语气有些和缓："你已经开始对自己负责了。知错就改，表明你开始接纳自己了。你有责任心，只是你平时没有发觉到。接纳自己，然后该怎么做？"

那位同学若有所思，说："我知道了，郭先生。"他打开自己的信封，认真地看着那几张箴言卡片。

郭先生从兜里又拿出几张卡片，递给同学们每人一张："这是责任心的卡片，我想你们应该知道，我为什么到现在才给你们。要想使自己变得强大，不但要对自己有责任心，对你的生活、学习、工作都要有责任心。"

李自明看到卡片上这样写着：

◆责任心是什么？责任心是你身体的重量。没有它你会飘飘然、放浪形骸，无法脚踏实地！

郭先生说："责任心对于一个人来说很重要。为自己的失败找借口，是没有责任心或责任心不强的表现。现实生活中不知有多少人把自己宝贵的时间和精力放在了如何寻找一个合适的借口上，如果把这些宝贵的时间和精力放在努力学习上，没准儿这件事情就做到了！可以这么说，喜欢为自己的失败找借口的人肯定是不努力学习的学生，他们根本就没有端正的学习态度。他们找出种种借口来掩饰失败、欺骗自己，他们不是上进的人，也不是负责任的人。"

有位同学说："有时候早上我定了闹钟，闹钟叫醒我，我心里想着该起床上课了，可是被窝的温度实在是太舒适了，所以常常会一边不断地对自己说该起床了，同时又会一边不断地给自己寻找借口：'没关系，今天不急，再躺一会儿。'于是又躺了 5 分钟、10 分钟……结果迟到了。"

同学们哈哈大笑，郭先生接着说："所以，无论在工作中，还是在生活中，千万不要找借口，不要把过多的时间和精力花费在寻找借口上。失败也罢，做错了也罢，美妙的借口对事情的改变，没有任何作用！在实际的生活中，我们每一个人都应当贯彻这种'没有任何借口'的思想。只要多花时间去寻找解决方案，反复试验，调整平和的心态，多做实事，相信总可以找到解决的方法。"

李自明拿出自己的本子，看到一段话，说："我这里有自己找到的一段话，想和大家分享一下。"见大家应允，李自明开始念，"借口是对惰性的纵容，是失败的温床，可以说找借口是世界上最容易办到的事情之一，只要你存心拖延、逃避，你总能找出足够多的理由。"

郭先生说："同学们，强大内心的培养看起来很难，但是你们应该看到，你们身边的这 4 位同学十几天来的改变是不是很大？"

成功的过程比结果更重要

不去想结果如何，
但是一定要遵从自己的内心，
尽力将过程中的每一个细节做完美。

"一个人丰实了自己的内心，就会变得安定而平静、柔和而宽容、谦让而有礼，不计较琐事，不被琐事所牵绊，从内到外，会让这个人有一种自信的魅力，从本质上变得强大。"郭先生说。

一位完成作业的学生说："这几天下来，我再回忆经历的这些事情，觉得很忙碌却没有疲惫感。除了充实，就是进步，休息的时候根本不想多说什么，就是想微笑，好像发自内心地有一种自信的感觉在鼓励着我，让我知道从今往后的路应该怎么走。"

郭先生说："你们的内心已经变得比原来丰实了，强大了，不单单是磨炼了自己某方面的能力这么简单噢！"

李自明说："我和我一个朋友一起去参加演讲比赛，第一次失败的时候，他比我还难过……哈哈，现在想想觉得这几天过得确实好充实啊，我比原来强大了嘛？"

那位对李自明的成绩感到惊讶的同学用力点头："嗯，强大太多了！"

一位同学问："自明，如果你最后没有得到第一名，现在你还会觉得自己成功了吗？"

李自明说："刚制订计划的时候，我确实是很看重结果的。可是随着比赛的进行、我的进步——最后一次比赛我把自己的演讲稿撕掉了，即兴发表演讲，好像一切都水到渠成，我知道了，这个过程才是最重要的，我在这个过程中进步了。"

郭先生说："这里有一句箴言。"说着，他拿出一张卡片：

◆追求完美的心态可以造就积极的人生，然而苛求完美会适得其反！

郭先生说："凡事都有一个度，有人为求尽善尽美，绞尽脑汁、殚精竭虑。遇到关系重大、情形复杂的状况，更是为之寝食难安。其实，当机会的大门向我们敞开的时候，只要我们全力以赴，就可以问心无愧，至于结果，还是顺其自然的好！"

同学们点点头，恍然大悟的表情。一个同学说："苛求任何东西都是不对的吧，这个词本身就超出了一个合理的范围。"

郭先生说："可以这么说。还有，刚刚我说的那段话，可能会让很多人觉得'既然不看重结果，那么我就试试看，不行就算了，我也问心无愧'，这种心态和经过自己付出全部努力然后没有达到目标是完全不同的。"他把一张新的卡片放在桌子上：

◆没有尽全力去争取胜利的人，根本不知道"过程重于结果"这句话的真谛所在！

管家拿出一本书，翻到一页，放在桌子中央，学生们看了一下说："这是一个什么故事？"

郭先生说："嗯，一个关于过程和结果的故事。"

深山雅园的草地上一片枯黄，年轻的修行者看在眼里，对师父说："师父，快撒点草籽吧！这草地太难看了。"

师父说："不着急，什么时候有空了，我去买一些草籽，什么时候都能撒，急什么呢？随时！"

中秋的时候，师父把草籽买回来，交给年轻人，对他说："去吧，把草籽撒在地上。"起风了，年轻人一边撒，草籽一边飘飞。

年轻人说："不好了，许多草籽被风吹走了！"

师父说："没关系，吹走的多半是空的，撒下去也发不了芽，担什么心呢？随性！"

草籽撒上了，许多麻雀飞来，在地上专挑饱满的草籽吃，年轻人看见了，惊慌地说："不好，草籽都被小鸟吃了！这下完了，明年这片地就没有小草了。"

师父说："没关系，草籽多，小鸟是吃不完的，你就放心吧，明年这里一定会有小草的！"

夜里下起了大雨，年轻人一直不能入睡，他心里暗暗担心草籽会被冲走。第二天早上，他早早地跑出了屋子，果然地上的草籽都不见了，于是他马上跑进师父的屋子说："师父，昨晚一场大雨把地上的草籽都冲走了，怎么办呀？"

师父不慌不忙地说："不用着急，草籽被冲到哪里就在哪里发芽。随缘！"

不久，许多青翠的草苗果然破土而出，原来没有撒到的一些角落里居然也长出了许多青翠的小苗。

年轻人高兴地对师父说："师父，太好了，我种的草长出来了！"

师父点点头说："随喜！"

同学们对这个故事的感觉不一：

"唔，他师父很淡泊啊。"

"年轻人好像什么都不懂。"

郭先生说："其实，你们应该向这个年轻人学习，他尽心尽力地种草。

虽然看起来他什么都不懂，但是经历过之后，他就会像他师父一样，明白了这件事的真谛。如果一开始他就懒散地不去管草籽，那么虽然最后草苗还是会长出来，但是这个年轻人却会养成懒散的习惯，他会认为有些事情不去认真做也可以做成。"

李自明又在自己的笔记本里写下了一段话："结果向来都是给别人评价的，而过程却永远只能是自己独享。成功是结果，失败也是结果，在别人看来，它们不过是几个冷漠的字眼，不可能触动心灵；反之，无论结果如何，那惊心动魄的奋斗历程对自己来说都终生难忘。"

放飞自信的心灵　｜ 强化自己的外在自信感，以彰显自己强大的内心。

一个同学说道："过程比结果重要，别人只能看到结果，而不知道我在过程中的付出与收获。那么就是说过程的价值只有我自己知道！"

郭先生说："是啊，但是过程让我们进步，我们最后为的还是好的结果！结果会使别人看到你的价值！现代社会越来越强调人际的互动与交流，一个人想脱颖而出，光靠自己踏实努力是不可能的。我们还要让别人认可我们的价值，大胆地说出并实践自己的想法和主张，展现自己的实力，尽一切可能去影响身边的人。用自己的言语和行动影响他们，要表现出自己的能力，让他们知道你有多么优秀。唯有自己昂首挺胸，在竞争激烈的生活中坚信自己的价值，才有机会出人头地。"

李自明说："如果我们现在去工作，我们只是个不起眼的小角色，不会引起别人丝毫注意。我们要怎么办呢？"

郭先生说："自明，你这样的心理并不好，你必须先自我认可，你认可了自己的价值，才能让别人认可你的价值。谁也不能自始至终陪伴你、鼓励你、帮助你。与你相伴走过人生的只有你自己，也只有你自己可以鼓励自己从根本上站立在风暴里，迎接每一次挑战。积极地去为自己争取表现机会，譬如主动地、真诚地帮助你的同事，替他出谋划策，解决一些难题；主动承担一些上司想要解决的问题，主持一个会议或一个方案的施行等。让他人发现你的价值，承认你的能力，你在工作中的位置就会发生显著的改变。"

李自明说："先认可自己，然后将自己的能力表现出来，然后就可以渐渐被别人所认可，原来是这样呀。"

郭先生点点头说："没错。你们有没有想过怎么样才能表现自己呢？"

有同学说："最直接的方法就是说出来，可是说出来是不是会显得骄傲呢？"

郭先生笑着说："没错！这个方法很好，但是运用不当又会显得骄傲。那么这就需要提高你说话的技巧，你要表达的是自己的想法，而不是直接夸耀你的能力。首先你要有良好的语言表达能力，这对你们每个人来说都很重要。一个能把自己的想法或愿望表达得清晰、明白的人，一定具有明确的目标和坚定的自信。同时，他的话语很能让别人对他产生信任感。"

李自明说："看来我歪打正着了。"

郭先生说："语言表达可以衡量一个人的思维能力和表达能力，有些企业甚至以此作为职工考核的重要标志。"

有同学问："那老师，我不想去演讲。我平时应怎么锻炼？"

郭老师说："平时你们就多开口，无论对方是一个人还是一群人，你要试着把自己的心里话说出来，注意把自己要说的话说得干脆。只要坚持不懈，一定会有收获，一定会渐渐充满自信，说话技巧也会大有长进的。"

李自明说："但是得注意对方的反应，让人觉得讨厌就不好了。有一次我就遇到一个很不会说话的人。"

郭先生笑笑说："这个要注意。另外，不但你的声音要自信，你的形体姿态也要充满气质，一个腰板笔直、衣着得体、生机勃勃的人，会容易受人尊重和欢迎，而且形体的气质会强化语言的自信，可以建立更好的自我感觉，更加显示你的强大内心。"

完善自己，实现自我超越

要正确认识自己、完善自己，展现最好的自己。

一个学生抱怨道："现在社会竞争如此激烈，工作、生活、学习节奏越来越快、压力越来越大，我都不知道怎么办了？表达自己的优点？唉……"

郭先生说："这是现实，要想成功就不能害怕。你们只有努力地完善自己，提高自己的竞争力，才能让自己在社会的竞争中占有一席之地，所以我才要你们塑造自己强大的内心啊！不断增加你们的自信心，要保持良好的心态，去实现自己的人生理想。"

"正确认识自己，完整地接纳自己、扬长避短，就是为了完善自己，展现最好的自己。其实这就是一个人通过刻苦努力成长成熟的过程。小孩学说话、学走路是在完善自己，成人学为人处世也是在完善自己。这个过程要求我们有踏实的态度、刻苦的精神、顽强的毅力。"郭先生总结了一下前面讲到的课程。

这位同学翻着自己的笔记，忽然抬起头来，眼神里有一种兴奋的表情："哈哈，真的是，我原来都没认真思考过。"

郭先生说："要完善自己，要全面分析自己、全面接受自己的优势和弱势是前提。只有在这个前提下，才能够不断完善自己。每个人都希望通过不断完善自己实现自己的人生理想，但在这个过程中，个人很难把握外界事情对自己的影响，所以要充实知识理论，多做实践锻炼。"

有个学生反问道："实践锻炼?"

郭先生说："对，实践锻炼! 无论是与你们专业相关的，还是你自己的社会经历。但是，如果只停留在'完善自己'的阶段，那么你到了更复杂的环境里，可能还会不适应，从而产生自卑的心理；挑战自己就是要摒弃这种自卑、害羞等不良心理，勇敢地面对生活中的每一天。孔子说：'胜人者力，自胜者强。'要想超越自己争取更大的成功，就要勇于挑战自己。这样会感到很大压力，但要保持冷静，保持用自信的心态面对压力，相信自己。"

李自明在自己的本子上写道：

◆让自己的内心变得强大，是实现自我超越的途径。不要做"井底之蛙"，要把自己的眼界放到广阔的世界中去。

郭先生接着说："眼界狭隘会导致不能正确地定位自己。世人在自我定位上存在两种不正确的心态：一种是盲目高傲自大，他们觉得自己了不起，觉得自己的能力与众不同，高高在上；还有一种就是盲目自卑，他们认为自己很快会被社会淘汰，不能适应社会的发展，整日唉声叹气、郁郁寡欢。"

李自明说："我好像之前就有些自卑，觉得自己不合群，不过最近好多了。但是郭先生，有些人说'当一天和尚撞一天钟'，是对还是不对呢?"

郭先生说："这个比喻是很多人止步不前时对自己说的一句话。面对工作上的压力，他们知难而退，没有斗志。如果非要拿和尚来作比较，那么正确的思想应该是：作为和尚，要撞好每一天的钟。如何撞好每天的钟呢？我想，就是每个和尚都要不断地完善自己，多背诵佛经，撞的钟声才能度世。"

同学们哄堂大笑，但是笑完又觉得自己就是平时不好好撞钟的"和尚"，一个个面露愧色。

郭先生喝口水，总结道："当今知识大爆炸，如果我们不知道'活到老学到老'的道理，就会被时代所淘汰。从微小的沙粒到宏观的宇宙，这其中的奥妙永无止境。假如我们想永远做一个竞争中的强者，就必须完善自己的内心，挑战并超越自我，只有这样才能在自己的生活中始终立于不败之地。"

青春，需要磨炼自己的毅力

只有不停地磨砺自己，不断地锤炼，才能放射出夺目的光芒。

同学们讨论得有些累了，郭先生也有些疲惫了，管家端上来一些点心，众人边吃边接着聊。

郭先生问道："同学中有没有家境比较拮据的？"同学们耸肩，都表示家境尚可。

郭先生拿出自己的剪报："我发现家境不是很富裕的孩子们相对来说会更有毅力，更能接受现实的打磨。"

大家边听郭先生说，边把目光移到剪报上去了，有这样一则报道：

杨同学家境贫寒，但他从小就有个信念——通过读书改变家庭的命运。高三时，他每天复习功课到深夜，第二天早上不到 5 点就起床了。为了看书保持清醒，他每天都会洗冷水澡，即使冬天也不例外。

　　凭着这份毅力，他欣喜地踏进了某重点大学的校门。

　　在学校，为了磨炼自己，也为了减轻家庭负担，暑假，他到建筑工地做工人。钢筋在露天晒得烫手，即使戴上手套也没有用。每天只有面条和馒头，住宿条件也相当差，下起暴雨，大家还要排水。在工地短短的两个月，他就瘦了 20 多斤，但是他还是坚持了下来。回到学校后，他更加坚定了自己的信念："是金子一定会发光！"

　　李自明往嘴里塞进一块面包，嘟囔道："这个同学，真强。"

　　有位同学回答道："但是我们不需要这么拼命嘛，客观来说，我们有更好的条件去努力。"

　　郭先生说："没错，不过这是一个普通大学生的经历。你们锻造自己强大内心的过程，也可以说是磨炼自己的过程。你们也需要这样的毅力。让自己从石头变成金子，发出自己的光芒，可不是那么容易的事情！"

　　李自明说："在磨炼自己的过程中，就要不怕困难。克服困难、战胜困难是磨炼自己的必然条件。我觉得当你的兴趣和目标都指向它的时候，你就不会觉得克服它很困难。"

　　郭先生笑道："在学习过程中都是困难重重的。但是困难就像纸老虎，你弱它就强，你强它就弱。大家都有这样的体会，区别在于有些人最后成功了，有些人失败了。"

　　一个女同学问："那我们如何培养毅力呢？我觉得我生下来就没有毅力。"

　　郭先生笑着说："毅力不是生来就有的，而是从磨砺、锻炼中得到的。如果你没有毅力，那么你应该注意你身边特别有毅力的人，这个你应该可以发现吧？"

这位女同学问："接下来呢？"

郭先生说："你可以在心里将他作为榜样、作为目标，时常提醒自己，提醒自己在工作或者生活中要付出比他更大的毅力去坚持。但是我有一点要提醒你们，目标不要过于宽泛，不做则已，做就做到最好。毅力受到许多因素的制约，这些因素包括信心、愿望、目标、计划、行动等，其中一个环节做不好，都会影响毅力的强弱，并影响最终能否成功。毅力不是一朝一夕培养出来的，毅力要求持之以恒你要学会坚持、吃苦，最好能定一个明确的目标来鼓舞自己。"

李自明说："树立一颗强大的内心，我的内心要变得更加强大才行。"

郭先生说："树立目标，然后培养一颗强大的内心，是一个成功者必需的基本素质，而且这些素质都是相辅相成的。况且每个人都在不断进步，其实所谓的强大都是相对的，我希望你们能培养出一个成功者的气质，并且变得越来越强大。"

青春感悟

◆先接纳自己，然后正确地认识自己，再接着才能塑造自己强大的内心！

◆空洞的内心会导致浮躁与无聊，丰实的内心却能让你明白自己应该去做什么以及怎么去做！

◆当你不知道自己该做什么的时候，看看自己的箴言，这对你有帮助！

◆给你希望的是你自己的心灵，而不是别人。强大的心灵让你知道眼前的迷茫抑或困难都是暂时的，并会找出解决之道！

◆强大的心灵深处，照亮前进道路的灯火就是"积极与乐观"。灯火不灭，航船永远找得到方向，水手永远不会绝望！

◆积极与乐观可以影响你四周的人，为你带来他人的信任！

◆你若没有坚决的态度，并且找借口为自己的失败辩护，那么谁也不能救你，你的内心永远不能真正强大起来！

◆一个人要变得强大就像在攀登，无论站在山的哪一侧，只要向上攀登，面前必然是逆境！

◆如同一枚硬币的两面，人生也有正面和背面。强大的内心会使人到达光明、希望、愉快、幸福的正面；黑暗、绝望、忧愁、不幸是人生的背面。面对逆境，战胜恐惧和悲观，迎难而上！造就强大的内心，最终，你会到达人生的正面！

◆责任心是什么？责任心是你身体的重量。没有它你会飘飘然、放浪形骸，无法脚踏实地！

◆追求完美的心态可以造就积极的人生，然而苛求完美会适得其反！没有尽全力去争取胜利的人，根本不知道"过程重于结果"这句话的真谛所在！

◆让自己的内心变得强大是实现自我超越的途径。不要做"井底之蛙"，要把自己的眼界放到广阔的世界中去。

Part 03
职场的拼搏，需要奋不顾身的勇气

当我们从学校的象牙塔走向职场的竞技场，突然发现自己不知所措，不知道如何选择合适的职业，不知道如何着装，不知道如何称呼……能力，就在一点一滴的磨炼中成长，我们既需要奋不顾身的勇气，又需要勤奋好学的态度。

认真书写人生的第一笔

暑假要来了，李自明和同学们都在规划着自己的行程。李自明考虑找一份暑假工作，他的兼职虽然给他带来了不少收入，但是他觉得自己要发展起来不能只靠这个。李自明收集好了自己的面试信息，准备开始自己的暑假工作之旅。翻开自己的笔记本，他信心满满。

李自明的计划是去做销售助理，他给自己的定位是：热情、亲切、有耐心。他觉得自己很适合做这个职位。经过几家公司的面试，李自明顺利地找到了一家自己中意的公司，公司要求他放假后正式开始上班。

但是他还是遇到了麻烦，因为他发现自己不知道该穿什么衣服去上班，因为他是第一次找到这样的全职工作，他去面试那天穿的是在学校穿的衣服，但是他觉得去上班穿这种类型的衣服显得不合适。

就在他左右为难之际，李自明接到班长的通知："郭先生邀请我们下午到他家里小聚一下。"李自明听到这个消息非常开心。

这天下午同学们如数到场，因为不是上课时间，郭先生在院子里张罗了一些水果和点心，同学们第一次没有压力地面对这位成功的导师，众人聊得很愉快，互相询问暑假的安排，没想到只有李自明一个人要在暑假工作。

郭先生说："暑假这段时间，工作上有了问题你可以来找我。"

李自明说："郭先生，我现在就有个问题，我过几天要去上班，还没有准备好自己的服装，我不知道自己该穿什么衣服。"

郭先生对所有的同学说："进入工作单位，你要面对的是一个崭新的世界。你的职场之路是否顺畅，很大程度上取决于能不能给人留下一个好印象。如果你以一个良好的形象出现，那你就可以在别人眼中塑造一个良好的第一印象。"

李自明说："我面试那天穿的是平时的学生装，但是我却不知道正式上班该穿什么。如果穿牛仔裤和运动衫，显得太学生气了，不适合现在的工作氛围；而西装衬衣确实显得成熟，可是我觉得我脸上稚气未脱，装成熟也不好吧？"

郭先生说："我公司的一位主管刚毕业来公司工作的时候，就没有注意这些问题。上班的第一天穿的是一件浅色无袖的连衣裙、一双时尚凉拖，背着一个白色皮包。我公司人事部门的一位老员工带她办入职手续，因为着装问题，她对这位新人的评价不高。这位老员工平时很保守，职业套装在大夏天也穿得一丝不苟。在她看来，办公室的氛围与这位新人的穿着格格不入。其他同事们虽然不是人人套装，但是无论是年轻的还是有一定年纪的都是深色系列，她的浅色连衣裙怎么看都觉得扎眼。"

"过了大半年，我在评估她的学历、能力、工作态度后，想把她升为主管。大家都认同她的能力，但还有人提起她第一天上班的事情，觉得她不能胜任主管。"

李自明说："不会吧，这么严重？那我必须要好好准备一下，不能让自己输在第一印象上。"

郭先生说："第一天上班时，穿着不一定要时尚，也不一定要故作老成，只要与整个工作氛围和工作性质密切配合，得体即好。一般来说，学生时代的服饰就不合适；随意简单的家庭装也不适合上班族的身份。可能你们会觉得上班族的服饰缺少美感，穿起来老了好几岁，但是事实上，这类服饰所带给人的成熟和端庄正是初入职场的新人需要的。"

李自明往嘴里塞进一块水果，擦擦手拿出笔记本，飞快地记下一段话：

◆对于初来乍到的新人而言，给人留下良好的第一印象很重要。要始终意识到这是一个全新的开始，现在的你是一张白纸，书写未来的第一笔要从着装开始！

坚定成功的信念

每天都要为自己鼓气加油，
坚定成功的信念，为成功的来临作准备。

郭先生和同学们边吃边聊："在职场上，不单单只有你们想成功，所有有上进心的人都渴望成功，对于你们来说，抓住机遇就显得尤为必要，但是成功的人或者说抓住机遇的人只是少数，有一句话说得好'机遇只青睐那些有准备的人'，我希望你们每天都做好准备。"

李自明边吃边嘟囔："老师，怎么样才算是有准备的人？应该如何抓住实现成功的机遇？"

郭先生笑道："首先你要有迎接机遇的态度：机遇有时就像买彩票中奖，不买彩票的人从来不会中奖。如果你不想抓住机遇，那么你肯定抓不住。"

"要有驾驭机遇的能力，这一点也是最重要的，只有态度可远远不够，机遇降临的瞬间，假如你没有足够的能力驾驭机遇，你与它只是平行线，永远不会相交。"

"要抓住机遇，除了基本能力之外，还要有吃苦的思想准备。因为成功与失败虽然只有一步之隔，但是成功的过程需要很多付出与牺牲，也许你要付出自己的青春，或者付出自己的钱财。抓住成功机遇的同时，你也要做好承受失败的心理准备，你需要承受这些结果，无论是成功还是失败。"

说完这段话，郭先生期待地看着自己的学生——每个老师都希望自己的学生成功。

李自明说："我一定要等到对一件事有100%的把握才去做。一矢中的！"

郭先生说："很抱歉，孩子，这是一个错误的前提条件，世界上不存在100%的把握。退一步说就算有100%的把握，等到你准备充足的时候，你已经错失了良机。决策的快慢会影响你的成功，当你有51%的把握的时候就去做它，那时候大部分人都还在犹豫，而成功的天平已经在向你倾斜了。你应该这样想：'51%的把握与99%的把握是一样的。'因为当1%的失败概率和49%的失败概率发生在你身上的时候是相同的。再者，有时失败是因为自己的失误，而不是决定于概率。"

所有的人眼睛都瞪得大大的，他们之前都觉得应该准备得越充分越好："是这样吗？"

郭先生说："你们应该都听过毛遂自荐的故事。秦兵包围赵都邯郸，赵王派平原君向楚国求救。当时赵国平原君准备挑选20名能言善辩的门客一同前去，但选来选去只有19人。"

李自明说："然后毛遂自己推荐自己，拿到了这个名额。"

郭先生点头："是的，当时毛遂是赵国平原君的门客，他看到空缺一个名额，认为机遇到了，便主动说：'我可以去，以前在您门下一直没有机会施展才能，现在我毛遂自荐，必能助君成功。'结果呢？不是就成功了吗？"

一位同学说："是的，到楚国后，毛遂说服了犹豫不决的楚王出兵救了赵国。"

郭先生摊开双手说："是啊，你看毛遂除了拥有出色的辞令和非凡的才干，就是靠着自荐才成功的。然而，当时的情况，谁又能说毛遂拥有 100%的把握呢？"

李自明咬着笔端，思考着："确实是这样子呀。"

郭先生说："当然，有时决策很难，当你仔细思量过后，发觉时机不成熟，那么这本就不是一个决策的时机，你应该果断放弃，而不是做无谓的牺牲。一旦你在仔细思量后作出了决定，就不要被任何人、任何因素所干扰，坚定地去做。但是'坚定'不代表不接受正确的建议，闭门造车，应该时刻认准方向，并且自我反省。"

李自明翻开自己的笔记本，问道："老师，我有个问题想问您，我觉得和您现在说的问题有些联系。有一句话是这么说的：

◆ 不要把任何人和事情想得太神秘，学会客观地分析规律，事实会告诉你什么是正确的。

郭先生说："有些人在做一些分析的时候会犯一种思维错误，把面前的事情神秘化，以至于下决策时担心自己弄错了，而不敢决定自己该怎么做。在美国，有一位著名的国际投资家，他每次对股票进行分析和选择时与其他人不一样，这个人从来不担心自己的选择是否正确，因为明天股票市场的事实就会证明他是正确还是错误的，所以他不会花太多的时间去做出一些所谓的分析。别人最关心的是一个企业在下一季度将赢利多少，他所关心的是社会、经济、政治和军事等宏观因素将对某一工业的命运产生什么样的影响、行业景气状况将如何。结果很简单，他赢的时候比较多。"

李自明说："这些我都能做到！"听到李自明这句傲慢的话，同学们都愣愣地盯着他，"我在自我鼓励，大家别当真。"李自明吐吐舌头。

郭先生笑着说："假如你做到了这些，那么你就要相信自己最终可以成功。即使在你前行的路上遇到了挫折，甚至失败，也不要停止，因为这只是暂时的，成功都不是一帆风顺的。重新调整心态，做出客观的分析和判断，不要在自己作了决定之后还不断犹豫，你要坚定地告诉自己，我会成功，每天告诉自己一个'我会成功'的信念，你会成功的。用尽一切所有可能的方法去努力，征求所有能征求到的朋友的指导，如果你能做到疯狂地投入，那么成功非你莫属。"

李自明用力点了点头，但是没敢再开口大声说出那句心里的话："我当然可以成功!"

选择最适合的职业

选择一个与你的匹配度最高的职业，

你选择的，就是你喜欢的，

你喜欢的，就是你适合的。

同学们看着兴奋异常的李自明憋得满脸通红，都哈哈大笑，一位女同学问："自明，你要做什么工作?"

"销售助理。"李自明回答说，接着转而问郭先生，"老师，你看我选择的这个工作怎么样?"

导师反问："你自己觉得呢?"

李自明说："我给自己的定位是：热情、亲切、有耐心。我觉得自己很适合这个职位。"

郭先生问："大家觉得呢?"

同学们都摆手，一位同学说："我们都没有正式的工作经验，不知道。"

郭先生说："对个人来说，工作是生活不可或缺的一部分。并且工作的好坏会直接影响到个人生活质量，工作对个人来说是至关重要的。你们要好好选择自己的工作！"

众人齐点头，对这个问题没有人有异议。

郭先生接着说："那么随之而来的问题就是，你与你的工作之间的契合度：你是否喜欢自己的工作？自明，你喜欢你的工作吗？"

李自明说："嗯，我选择的就是我喜欢的。"

郭先生说："现代职业划分种类繁多，乍一看起来好像每个行业都合适自己，而实际上并不是这样。在你看来，别人能做好的工作，自己也同样能做好，等到实际操作中却发现根本不是那么回事，因为每个职业和个人都存在着差异。那么，你就要经过实践操作后才知道自己究竟适合不适合。"

李自明说："喜欢还不一定适合吗？"

郭先生说："对，找到一份适合的工作如同买了一双鞋子，合脚才是最重要的。你看着喜欢，自己穿着合适，走起路来别人看了才觉得舒服才行。在适合自己的工作环境里工作，个人状态会很放松，就像水中的游鱼一样自然，无论做什么都觉得得心应手，也很容易出成绩。如果你喜欢，但是你找到的工作不适合你做，你的努力并不能得到相应的回报，甚至以悲剧收场。"

李自明说："努力了还会以悲剧收场？"同学们也是一脸疑惑。

郭先生说："我曾经听人说起过一个人叫王强，他很有能力，在一家私企工作。由于他具有别人所不具备的技能和提高工作效率的方法，他可以一个人做几个人的工作。"

有同学嬉笑道："优秀员工呀！"

郭先生说："是的，他的能力很适合这个工作！但是也因为此，使得其他人每天上班只要喝喝茶、看看报纸就可以了。这就导致公司的董事长想要裁掉这几个闲人，留下王强一个。"

这个同学的脸色变得诧异："唉？这老板真狠。"

郭先生没有对这个看法提出批评，只是接着说："但是，部门经理过早地对王强所在的部门透露了这个消息。王强受到了面临失业的几个人的排挤。这几个人在董事长面前搬弄是非，结果，走人的竟然是王强！"

同学们瞬间停止咀嚼嘴里的食物，对此提出抗议："怎么能这样？不公平啊！"

郭先生说："是啊，不公平。当王强了解到这一切时，他已经失业一个星期了。他给董事长打电话说明真相，可是董事长也没有办法，董事长说：'这一切都已经结束了。和球赛吹了黑哨一样，比分是无法改写的。'这是一个错误的却无法改变的结局。能说什么？王强适合这个岗位的工作，却不合适这个岗位的风气！"

同学们还是觉得不能接受，但是想想又都无话可说。

郭先生说："不是每个人都喜欢努力工作的同事，所以你必须找到自己适合的职业，它关系到你的未来发展。适合的工作会让你的工作轻松有趣，与此同时你会对你的工作越来越感兴趣。兴趣是最好的老师，你会全力以赴把工作做好。当你的老板觉得你将这份工作做得很好的时候，他就会很放心地将相关的工作交给你做。那么，你对于自己的工作就会越来越熟练，工作能力会越来越好，你将有可能成为同行中的佼佼者。同时，你容易得到器重，领导也容易认可你的能力，你也更容易得到晋升加奖的机会。"

李自明说："如果一个人对自己所从事的工作不感兴趣，甚至憎恶，会怎么样？"

郭先生说："那么他根本就做不好这份工作。因为他无法从工作中获得乐趣，对于任何与工作有关的事都会缺乏热情，每天得过且过、惶惶度日。如果是你处于这种境况，我建议你好好思考一下现状，既然如此厌倦你目前所从事的职业，为什么不考虑放弃它、重新开始呢？事实如此，你也没有必要把自己的精力放在一个自己不喜欢的职业上。你应该去找一份喜欢的工作。

可能你会说："我还要生存呢！"于是，尽管现在的工作让你很痛苦，你却仍然要依赖它。这种想法可以理解，却是错误的。你可能现在离开它还不能生活，但你完全可以为明天抛弃它而作积极的准备。"

突然有个同学愤愤地说："我之前买了双鞋子，很贵，但是我穿着不舒服，现在不穿了，也没舍得扔。"

郭先生说："没有再折磨自己穿就好，但是换掉工作需要比这大得多的勇气。如果你所从事的不是你一向所热爱的工作，那么你就无法依靠你的才能、创造力和职业道德去实现自己的目标。所以，遇到这种情况就要像换鞋子一样换掉这份工作。假如你现在既不喜欢你的职业又不敢放弃，更有甚者你还可以有一大堆说服自己忍耐的理由，那就太可悲了。"

一位女同学抱怨道："唉，风险，哪里都是风险。"

郭先生说："生活中充满风险，不过对于你的人生来说坦然面对风险也是一种享受啊！因为生活中充满风险才充满了可能，其实，你所顾忌的只是你不敢迈出的那第一步，但只要迈出了第一步，你就会发现事实并没有想象中那么艰难。"

"不要再给自己找满足于现状的借口了，它们只会浪费你的人生。去放弃你所不爱的，选择一个你所喜爱的工作吧。重要的就是：不要因为对于风险的恐惧而把自己束缚住。"

李自明用力咬了一口水果，说："嗯，我有思想准备了！"

丢弃所有的负面情绪

丢掉所有的负面情绪，
别在疲惫和孤独中迷失自我。

开始放暑假了，这天晚饭时间，管家听到有人在摁门铃，郭先生笑着说："估计是自明遇到什么问题，这个时候跑来麻烦我了。"

管家说："刚工作的年轻人，遇到问题都会觉得难办的，我去接他进来。"

管家走到门口，看到李自明穿着一身西装，脸色疲惫地站在那里。李自明见管家出来，勉强做了个微笑："管家大叔，郭先生在家吗？"管家没多说什么，把自明引进了屋。

郭先生还坐在客厅的老地方，见李自明满脸疲惫重重地坐在对面的沙发上，郭先生说："自明啊，你看这次老师对你是一对一辅导，你怎么能拿这种状态来听课呢？"

李自明脱掉了外套，放松一下衬衣的领口，精神好了一些，说："好累，其实也没什么大事，就是觉得工作压力莫名地大，想找老师说会儿话，我觉得会好一些。"

管家把晚饭准备好了，郭先生说："自明也一起吃吧，不然估计我自己也吃不下去。说说吧，怎么了？"

自明的精神状态慢慢地好转，他说："最近 3 天早晨起来上班，一边是热情洋溢的心情，另一边是担忧自己能不能做好工作的心情。然后，把加倍的注意力和热情都投入到工作中，告诉自己要认真、踏实，把每个细节做好。可是，下班之后就会很疲惫，没有充实的感觉了，就觉得好想找个人说话。"

郭先生问："你的箴言和笔记本带了没有？"

李自明带着无奈的口气说："工作那么忙，带着也没用，我就放在学校了。"

郭先生说："人最怕的是孤独，最难耐的是寂寞。这句话说的不假啊，你才工作3天，在学校几个月养成的好习惯就被丢掉了。是环境埋没了你的自我，你才觉得无所适从，觉得生活给你的压力很大，需要向人表达来发泄。"

李自明歪着头思考了好一会儿，说："之前的我是怎么样的？"

郭先生说："回学校之后别忙着睡觉，翻开你的笔记本，看看你之前做的那些笔记，你会发现自己现在的问题出在哪里了。我还有句话送给你。"郭先生从兜里拿出钢笔，在桌子上的一张明信片上写下一句话：

◆过度的情绪化，会让一个人在不经意间迷失自我。这会打乱一个人的生活节奏，让他感到过度疲惫和孤独！

李自明看着郭先生写下这句话送给他，一种很久违的感觉涌上心头。他认真地收起这张明信片，然后开始狼吞虎咽，吃完之后他对郭先生说："老师，谢谢您的款待，我不久留了，我好像找回来一些东西了。"

李自明风驰电掣地赶回学校，翻开自己的笔记本，之前他记录的词句历历在目，他看着看着不禁哈哈大笑起来，然后他在自己的笔记本上加了一段话：

"过分的激情和忧虑使我不能客观对待自己的工作，接着打乱了自己的生活节奏，导致每天都觉得很疲惫而且压力很大。生活节奏紊乱的人，会放大一切负面情绪，而孤独感和寂寞感使我变得很脆弱。这像是一个恶性循环，状态越不好，工作越做不好，自己的压力越大……往复循环。"

他重新翻阅了一遍自己的笔记，深呼吸一口气，觉得心情很舒畅。第二天，他将自己的笔记本装进包里开始了新的一天。

做好准备工作，才能破茧成蝶

工作中的琐事就像蚕茧，是羽化前必须经历的准备工作。

　　李自明已经工作十几天了，自从他找回自己的生活节奏，发现自己开始适应新的工作环境了，并且那种压力和孤独感便消失不见了，取而代之的是一种充实感。可是一个新的问题又摆在了他的面前，那就是十几天来，他做的事情都是一些烦琐的小事情，他感觉他已经可以胜任专门的工作了，可是主管根本没有给他施展才能机会的意思。

　　这天下班后，李自明拎起自己的包，奔着郭先生家的方向去了。郭先生看着他狼吞虎咽地吃完一碗饭，便让管家给他加饭。

　　李自明说："这几天我的节奏掌握得很棒，可是都这么久了，我在职位上连一件正经事都没干，做的全是跑腿的工作。我不知道是自己做得不够好，还是上司故意不给我锻炼的机会？工作越来越琐碎、越来越无聊。每天派给我的工作都是些无关痛痒的琐事。"

　　郭先生听他说完，笑着问道："那你认为这些在你能力范围内的事情，你都做好了吗？什么琐事让你觉得最无聊？"

　　李自明挠挠头说："我觉得我的工作热情都被磨光了，工作也不如原来那样认真了，偶尔就会出现一些小错误。我不是做不好，而是不想做，我觉得我做这些没有激情。最无聊的事就是帮主管报销一些销售员的票据。"

　　郭先生点点头，然后缓缓地说道："你觉得票据没有什么用吗？"

　　李自明说："我就是拿过去帮别人报销，没有什么用处啊。"

郭先生说："票据是一种数据记录，它记录着公司某个部门营运的费用情况。看起来没有意义的一堆数据，其实它们涉及了这个部门各方面的经营和运作情况。它可以给你提供很多信息。"

李自明说："真的吗？那我回去之后要好好整理一下这些东西。"

郭先生说："工作烦琐无聊，是每个刚进办公室的年轻人必须面对的课题。对于成长中的年轻人来说，你就像蚕茧，这些事情是羽化前必须经历的准备工作。所以，你必须学会从中尽可能汲取经验，让自己尽快成熟起来，并树立良好的、值得信赖的个人形象。"

管家说："我昨天刚淘回来一张字画，可以给你看看。"郭先生点头，管家从柜子里拿出这幅字画，字画上很简单地写着几个字：

◆一屋不扫，何以扫天下？

李自明看着这句话，有些惭愧："从明天开始，我就调整好自己的心态。"

郭先生说："许多刚入职场的新人，带着学生时代的万丈豪情开始了职场的拼杀。但是工作不久，他们就都开始抱怨：为什么工作这么琐碎、无聊？不管是大公司还是小企业，做文职的几乎都是端茶倒水、复印跑腿；做技术的每天就做做记录、打打下手……这种现象很普遍，所以我希望你能自己处理好自己的心态。"

李自明端起一碗汤豪饮一口，说道："我明天和后天调休，老师，您一口气把所有的经验都传授给我吧！感激不尽呀！"

郭先生哈哈大笑："你还真是贪得无厌，好吧，那今天你先回去好好休息，我也得准备一下这两天要讲到的内容。"

李自明点点头答应下来。

工作热情决定工作成就

第二天一早，李自明穿着学生装就跑来敲门，管家看到这身装扮的李自明笑道："你这孩子学起东西来真是用功啊，进来吧，郭先生在花园打太极呢。"

两个人来到花园，郭先生正坐在走廊上休息，看到李自明过来抬手向他打招呼："还是你今天这身打扮看上去舒服，你等我一下。"

不一会儿，郭先生穿了一身很朴素的衣服出来招呼李自明："自明，今天跟我出去转转。"

李自明说："不是说要上课的吗？"

郭先生说："是啊，就是带你去上课。我很久都没步行出门了，走吧，今天你陪我溜达溜达。"

李自明一头雾水地跟着郭先生走出了门，郭先生却说："你准备好笔记本，别把路上的重点忘了。"李自明赶紧把笔记本拿在了手里。

此时，两个人沿着街走着，迎面是一个建筑工地，不少工人正在忙碌着。郭先生说："我们过去看看，他们也在工作。"

李自明快步跟着郭先生走到工地上，刚好有 3 个工人在工作，郭先生问道："你们在做什么呢？"

第一个工人没好气地说道："你没看见吗？我正在砌墙啊，砌墙！"李自明被他的怨气吓了一跳。

第二个工人有气无力地说："嗨，你好，我正在为了我的工资而工作呢。"李自明还是不知道自己应该在笔记本上写什么。

第三个工人哼着小调，欢快地说："你问我啊，朋友？我不妨坦白告诉你，我正在建造一栋很伟大的建筑！"

郭先生接着说："那真是太棒了，难怪你这么有干劲！"第三个工人听到郭先生的夸奖，笑得更是欢快。郭先生和李自明离开了这个建筑工地。

郭先生和李自明坐在路边的椅子上休息，郭先生问李自明："怎么样？有没有学到什么东西？"

李自明说："为什么这3个工人工作的动力差距会这么大？"

郭先生说："对工作满意的秘密之一就是'能看到超越日常工作的东西'。一旦心情愉快起来，就会全身心投入，本来你觉得乏味无比的事情会变得妙趣横生。这正是工作的本质所在。"

李自明飞快地在本子上记录下一句话：

◆对工作满意的秘密之一就是"能看到超越日常工作的东西"！

郭先生说："这就是问题的症结。如果你只把目光停留在工作本身，那么即使从事你最喜欢的工作，你依然无法持久地保持对工作的热情。但是，如果你想的是一个几百万的订单，你想到的是一栋伟大的建筑，你还会认为自己的工作百无聊赖、枯燥无味吗？"

"你知道人事部门在招聘员工的时候，衡量的标准往往是什么吗？"郭先生问李自明。

李自明说："具体的不大清楚。有上进心的、能干的、热爱岗位的吧。"

郭先生说："人力资源部门在分析应征者能不能适合某项工作时，最先要考虑这位应征者对目前工作的态度。如果他认为自己的工作很重要，就会给他们留下很深的印象。即使他对目前的工作不满也没有关系。"

李自明说："刚刚那 3 个工人是不是会有不同的发展前途？"

郭先生说："前两位应该会继续砌他们的墙，他们没有远见，不重视自己的工作，更不会去追求更大的成就。但那位认为自己在建造伟大建筑的工人则不一样了，他一定不会永远是个砌墙工人，也许他会成为承包商，甚至成为建筑设计师，我敢肯定他还会继续向上发展。因为他善于思考，他对于工作的热情已经明显地表现出他想更上一层楼。"

学习的能力比学历更重要

学习的能力比学历更重要，
比已获得的能力、经验更重要。

李自明和郭先生坐在椅子上谈论工作的事情，一位西装革履的销售员拿着自己的产品出现在两个人面前："您好，两位能不能看一下我们公司的产品？"

李自明摆手拒绝，但是接下来销售员的一句话却引起了李自明和郭先生的兴趣："那请问两位能不能对我提一些建议呢？"

李自明看着郭先生，郭先生说："你的热情很到位，但是我想，你尽量不要打断别人的谈话会更好一些，你觉得呢？"

销售员很认真地点头，然后说："真是谢谢，那我先走了，希望有机会为两位提供服务，这是我的名片。"

郭先生看着手里的名片，对李自明说："自明啊，你应该从这位销售员身上学到一个优点。"

自明说："什么优点？"

郭先生说："他不是在简单地让顾客提意见，是在通过客户提出的意见进行学习。这是销售员学习的一个好方法。在职场中生存的第一要诀就是学习，学习，再学习。懒于学习的人，实际是在选择落后，也就是在选择失败。"

李自明把这张名片夹在自己的本子里，然后在笔记本里添加了一句话：

◆在职场生存的第一要诀就是学习，学习，再学习！

郭先生接着说："有一句话说学习是学生的天职，其实到了社会之后，也要继续学习。学习的能力比学历更重要，比已获得的能力、经验更重要。如果你一旦停止学习，你只能等着被淘汰了。学习，学习，再学习！这不仅仅是一句口号，更应该在工作和生活中真正身体力行。只有能够在工作中将学习身体力行的人，才能够最终获得事业上的成功。"

李自明说："这点好像我本身就具备，我一直跟您学习着东西。"

郭先生哈哈笑道："我教给你的只是一些理论，每个人的工作不同，要有自己的学习方法。李嘉诚能够变身成为一位商业领袖，靠的就是不懈地学习。"

"李嘉诚？老师，能不能给我讲讲他的故事？"李自明问道。

郭先生说："好，李嘉诚是一个值得敬佩的前辈呀！李嘉诚之前就是一个街头销售员，他只有小学学历。相比之下，你的学历比他要高哦！"

李自明说："这个并不重要，学习又不是只能在学校里进行，这个道理我懂得。"

郭先生赞赏地看看李自明，接着说："在 15 岁时，他父亲去世了，李嘉诚要担负整个家庭的生计。当时他工作非常辛苦，可是他同样明白学习的重要性。没有知识，就不可能在社会上立足。他白天作销售，晚上上夜校学习，补充自己需要的知识。"

李自明说："很多成功人士都是这样起家的吗?"

郭先生说："有不少成功人士家境都不好，他们凭着自己的双手创造了自己的财富。李嘉诚后来准备做生意，便自学了英语，之前他连 26 个英文字母都没学全！后来他的英语比一般大学生还要好。20 世纪 50 年代，李嘉诚做塑胶花生意；60 年代地产低潮，李嘉诚大举入市，从塑胶大王变为地产大王；70 年代，他的公司上市，成为资本市场纵横捭阖的王者。"

李自明吞口口水，说："要学习这么多的东西，我还差得远呢……"

郭先生说："没事，你还年轻，只要踏实地努力，肯定会有成就的。所以要想在职场中赢得胜利，应该随时在身边携带好笔记本，碰到不明白的事马上记下来，之后立即去弄清楚。而且，你已经这样去做了，你已经学会了很多东西，不是吗?"

李自明点头，他手里的笔记本就是最好的证明。

"学习不仅仅是指一种对新知识的学习，还包括了对各种新的经验、新的观念的接受。对这些新事物的接受是取得成功的前提。"

勇于承认错误并改正错误

勇于承认错误，才能改正错误，也能显示出自己的责任感。

　　郭先生和李自明开始结伴往回走，路上看到那位销售员已经推销出去了不少产品，李自明问道："郭先生，这位销售员身上好像还有一个优点吧？他很能接受自己的错误，并且改正。"

　　郭先生点头："是啊，怎么了？"

　　李自明说："这个品质难道不重要吗？为什么你不告诉我？"

　　郭先生说："这点你已经做得很好了呀，我想就不用说了。"

　　李自明说："那你起码告诉我一句箴言。"

　　郭先生说："那你倒不如问问那位销售员，走吧，我们过去。"

　　郭先生走到销售员面前，掏出钱买了一份产品，开口说："我的学生想从你这里学一些经验，你能不能和他坐下来聊聊呢？"销售员很高兴地答应了。

　　李自明拿着自己的笔记本，迫不及待地问道："为什么你要让自己的顾客指出你的不足呢？你不害怕他们知道你的缺点远离你吗？"

　　销售员说："每个人都会犯错误，这个道理人们都懂。如果有人来指出你的缺点，你就可以很快进步。而很少有人可以做到自我反省，虽然指出自身缺点最好的人选是你自己。所以，你要勇于让他人指出缺点，这永远比让别人在背后骂你的时候指出你的缺点要好。而且我完全不用担心我的顾客不喜欢我，事实可以证明我的方式是正确的。"

李自明疑问："事实？哦，对了。现在我对你很感兴趣。"

销售员接着说："不肯承认错误、保全面子的做法，最容易使人错上加错。而且因为知道自己是错误的，就会有心理负担。相反，如果勇敢地承认错误，就会有所收获，而且感觉心里很轻松。掩饰错误要比承认错误付出更大的代价。最大的错误，就是不承认错误。"

李自明刷刷地在笔记本上记录，边记边喊："慢点，慢点，我跟不上了。"

销售员笑，说："不用这样，我送你一个东西。这是一个前辈送给我的，现在我想把它送给你。"说着他递给李自明一片纸片，是一个撕开的包装盒。

李自明看到包装盒的背面写着一句话：

◆我很抱歉，当初没考虑到这个因素，以后我会多加注意！

销售员站起来说："我还要去工作，谢谢你们购买我的产品，下次有需要还请联系我，再见。"

李自明看着手里的纸片问郭先生："为什么他会把这么重要的纸片给我呢？"

郭先生笑："顾客是销售员的衣食父母，他不但搞好了和顾客的关系，还宣传了自己的产品，何乐而不为呢？而且，我觉得他应该有很多张这样的纸片。他说得很好啊！如果你对事情的处理态度不正确，便会千方百计地掩饰错误。一味掩饰不只会危害到你的人际关系与工作前途，也会让工作伙伴和上司对你失去信任。犯了错，就要勇于认错，这样才能改正错误，而且这也能表现出你的责任感。"

李自明点点头，把那张印有广告的纸片夹在了自己的笔记本里。

注意职场称呼礼仪

称呼错了，小则引发尴尬，

大则关系到职场的前途，

所以，一定要掌握好称呼上的礼仪。

郭先生和李自明走到一条步行街，已经接近中午，两个人走进一家快餐店，准备填饱肚子，服务员递上菜单，从门口进来几个人要包间，看上去就知道是一个公司来聚会的，几个人说说笑笑地上了二楼。

郭先生点好餐问李自明："你带钱了吗？我出门不带钱的。"

李自明点头，问："老师，您刚才有没有注意上楼的那几个人？"

郭先生说："是哪个公司来聚餐的吧，怎么了？"

自明说："假如我遇到这种情况，我该怎么应付啊？"

郭先生说："聚会上的规则我教不了你，不过基本的职场称呼我想你需要了解一下。"

李自明说："我上班十几天了，主要接触的人除了我的主管，就是财务部门一个员工。我也就是用'您好、领导'之类的称呼。"

郭先生说："哈哈，基本礼仪你还是懂的，但是你不可能永远只是个暑假工，更不可能永远只面临眼前这两个人吧？"

李自明说："嗯，那老师你快说吧。"

郭先生说："俗话说'新人一出口，便知有没有'。称呼礼仪可是职场第一课。冒冒失失、没大没小的职员，在职场上是不会受欢迎的。尤其是在工作场合，你对别人称呼恰当，能表达出你心里对他的尊重。每个人都很在意别人是否尊重他，而称呼能表明你的心里是怎么想的，言为心声嘛。"

服务员送上来郭先生点的午餐，李自明结账。郭先生尝了一口说："不错，很久没有在外边吃饭了，看来我应该经常出来走走。接着说，你对别人的称呼得体，对方也会尊重你。你在公共场合给对方面子，尊重对方，对方会觉得你很有职业修养。"

李自明说："具体来说，我应该怎么称呼领导还有同事们呢？"

郭先生说："同事和上司是职场上最重要的两个组成部分，而不同的职场称呼可以反映你与职场同事和领导之间的关系如何，以及你所处的职场环境如何。在政府机关、企业单位，职位级别分明，你的称呼就要能够显示对方的职位等级；而在民营企业，你如果刻板地称对方某'总'，或者在报社尊称对方某'编'，这样的称谓会让人觉得要么过于疏远，要么太过讥诮。"

李自明边吃边点头，问："那我应该怎么办呢？"

郭先生道："你这孩子，吃饭的时候注意别边吃边说话。在外企，比如欧美企业，无论是同事之间还是上下级之间，一般都互叫英文名字，即使是对上级甚至老板也是如此。如果用职务称呼别人，就会显得你与环境格格不入。在这样的公司工作，不妨也取个英文名字，可以让你更好地融入集体。"

"在文化类企业里面，往往彼此称呼'老师'。这个称呼适用于比如报社、电视台、文艺团体、文化馆等文化气氛浓厚的单位。这个称呼可以表现出你对他人学识、能力的认可和尊重。"

"在中小型家族企业里，等级观念一般比较淡化，同事与领导之间以行政职务相称的情况比较少，互称姓名的情况较多。相反，在国有企业，最好以行政职务相称，如张经理、陈总等，能表示对对方的敬重。外资企业里，韩资、日资企业等级观念较重，一般也采用这类称呼。"

李自明手里的笔飞快地记录，他说："光企业都要分这么多种？"

郭先生说："你别这么死板，主要是根据你所在的企业环境和氛围来确定的。我说这么多，只是让你了解一下而已。"

李自明问："私下同事之间的称呼是不是可以随便一些?"

郭先生说："嗯，这样有利于你和同事搞好关系，但是要注意分寸。总之，把你的本子给我。"

郭先生在李自明的本子上写下一段话：

◆ 称呼要体现出尊重；到什么单位叫什么称呼；称呼要反映出平等；口头称呼不要过分亲密；别乱叫外号！

李自明点点头："回去之后，我得好好研究研究。"

在正确的岗位上做正确的事情

做事要讲求方法，并不是做得越多越好，而是要在正确的岗位上做正确的事情。

"你在这里做什么? 包间的客人都等不及了。快去点餐!"

这句话吸引了郭先生和李自明的注意力，那边一个服务员正在整理冰箱里的啤酒，听到领班的训斥，似乎有些不服气："这边啤酒还没整理完，况且我已经把整个楼梯又都打扫了一遍了……"

领班被气笑了："我没让你扫楼梯，现在你去点餐，回来再弄这些。"

李自明说："做了这么多也没做到点子上，这样的员工也难怪吃苦不讨好。"

郭先生说："这就是工作上的另外一个规则了。"

李自明写下郭先生说的第一句话：

◆在工作上首先要分清对错，做得多不代表做得对，做得多不如做得对！

郭先生接着详细阐述："这种人往往可以分为以下几种：第一种是做错误的事情，做得越多错得越多的人。当然，做得多并不是错，但需要注意的是，你做的事情是否正确。如果事情本身就是错误的，做得越多就会错得越多，结果就越糟糕。因此，当上司说你做错了的时候，要马上停止在做的事情，而不是坚持去做。"

李自明笑道："我没那么笨，上司如果点名说到我的错误，要么是我的行事方法让他不喜欢，要么是我的事情本身做错了，这些我都要先自我检讨。"

郭先生吃了一口饭，竖了一下大拇指，也不知道在夸饭菜可口还是夸李自明的虚心态度："第二种人分不清什么事情有意义、什么事情没意义，他们总是重复做一些没有意义的事情。这样只会给人留下愚蠢的印象，要切记，千万别做没有意义的事情。而避免此种情况发生的办法，就是判断要做的事情有无意义。"

李自明飞快地点头，然后记着笔记。

"第三种人总是把时间浪费在收益很低的事情上，这在职场上是个普遍现象。这种人认为只要做好自己手上的工作，有一点好处就可以了。想法虽然没错，但是损耗了很多机会成本。工作效率不高，时间都用在了收益小的事情上，就代表没有时间去做收益大的事情，浪费了时间成本。"郭先生擦擦手，喝了一口茶，接着补充道。

"最后一种人是不会拒绝的职工，他们上班到最后发现自己做的事情越来越多。很多职场上的人都会碰到这种情况，大家都认为，勤奋工作是职场晋升的一大条件。勤奋没错，但要分清对象。如果不分对象地承担很多分外的工作，那么结果只有一个，就是被无尽的工作活埋，并且你并不会得到领导的赞赏。一个人能否成功，不在于他做了多少，而在于他做对多少。无论是经营人生，还是经营事业，都是如此。"

郭先生说："服务员，来杯水！"

李自明说："职场如战场啊，我听到的信息越多，想知道的就越多！"

郭先生喝了一口水："没事，慢慢来，我说过了，你还年轻，你要了解自己的职位和工作，不要吃苦不讨好。原来有个人当上了办公室主任，就开始包揽很多琐事，结果业绩开始滑落。办公室的人表面上叫他主任，私下喊他'打杂的'。这位主任每天都发愁，总觉得自己整天忙还落不到好名声。"

李自明拿起水杯，问道："他都做什么呀？"

郭先生说："订水、订报纸……"

李自明被呛到了，咳嗽不止："不……是吧，主任做这个？"

郭先生说："所以说，他这件事做得不对！他的上司是这么批评他的：'这就是你一个主任该干的事情吗？你没当办公室主任前，就没人做这些事了？办公室就停转了？'这位主任恍然大悟，这才醒悟过来自己的精力应该都放在业绩上才行。"

李自明问："那他是怎么做的？"

郭先生说："把精力放在业绩上呗！"

李自明说："那些琐事呢？"

"办公室主任安排一个人管理这些工作还不是理所当然的？"郭先生不以为然地说道。

出色地完成每一项任务

出色地完成每一项任务，并不断地为自己设立新的目标。

　　这天李自明陪郭先生回到家，就匆匆忙忙地回到学校整理自己的笔记去了。尔后的一段时间，郭先生再也没见到过他，直到暑假结束。

　　新学期的一天，学生们来郭先生家上课，郭先生一早就坐在了客厅，等学生们来。

　　门铃响后不一会儿，管家带着一堆礼物走进客厅，郭先生问："这是谁送的？"

　　接着同学们都挤进了门，李自明混迹在人群里，和普通学生没有区别。

　　"郭先生，早上好！"

　　"老师，好久不见，哈哈。"

　　郭先生看到学生们，顿时笑逐颜开："大家都回来了啊，假期过得怎么样？"

　　学生们点头表示很好，李自明躲到一边不出声，郭先生看到他，点名："李自明，躲什么呢？从那天走了怎么到现在才来？"

　　同学们嘻嘻哈哈地把李自明推到了人群的前面，李自明说："那个，我暑假的工作报告还没写好呢，不敢来见您啊，嘿嘿……"

　　郭先生问："哦？看来你后来发展得不错。大家先坐下，听李自明说说暑假工作的经历。"

李自明站在客厅中央，从自己刚开始上班说起，把郭先生交给他的内容结合自己的工作经历，详详细细地说给同学们听。

"……主管发现，他交给我的工作我都能处理得很妥帖。有一些信息是他根本没有告诉我的，我也能及时准确地处理，我不仅建立了自己的数据库，而且和同事们的关系处得也很好，不懂的事情同事都很乐意教我。主管把越来越多重要的工作交给我去做，我试用期结束的时候，主管说我是他用过的最好的助理。"李自明说完，同学们拍手叫好。

郭先生面露不满："那就是说，你的工作做得很好了？"

李自明说："有什么不对吗？老师。"

"你不是骗我说你的假期总结没作好吗？"说到这里，郭先生的脸色忽然转晴，"你做得真不错！"同学们哈哈大笑。

回到学校，李自明看着自己用了多一半的笔记本，忽然觉得感慨万千。这两个月，自己经历了一种新的生活，让自己成长了许多、学到了更多。还有一个学期的时间，就可以正式外出找工作实习了。李自明想："我应该在这一学期内全力弥补自己可以弥补的不足。"

他打开笔记本的第一页，一个大大的目标写在那里：

◆我想要和郭先生一样的别墅！

青春感悟

◆对于初来乍到的新人而言，给人留下良好的第一印象很重要。要始终意识到这是一个全新的开始，现在的你是一张白纸，书写未来的第一笔要从着装开始！

◆不要把任何人和事情想得太神秘，学会客观地分析规律，事实会告诉你什么是正确的。

◆过度的情绪化，会让一个人在不经意间迷失自我。这会打乱一个人的生活节奏，让他感到过度疲惫和孤独！

◆一屋不扫，何以扫天下？

◆对工作满意的秘密之一就是"能看到超越日常工作的东西"！

◆在办公室生存的第一要诀就是学习，学习，再学习！

◆我很抱歉，当初没考虑到这个因素，以后我会多加注意！

◆称呼要体现出尊重；到什么单位叫什么称呼；称呼要反映出平等；口头称呼不要过分亲密；别乱叫外号！

◆在工作上首先要分清对错，做得多不代表做得对，做得多不如做得对！

Part 04

正确的抉择，需要奋不顾身的心态

　　毕业时，有人选择考研，有人选择进
入职场拼搏……抉择，是每个人的人生中
均不可避免的事情。自己选的路，跪着也
要把它走完。当我们已经为自己做出了选
择，就需要拿出奋不顾身的心态，将自己
的选择坚持到底，坚持到成功的那一刻，
这样的青春才无悔。

用好"不值得"法则

不值得做的事情，就不值得去做好。

过完暑假，经贸学院里也来了很多新生，学院要组织迎新晚会，班级推荐李自明和另外一个同学去作演讲，李自明答应下来，另外一个同学拒绝了。李自明觉得这件事就是个面子工程，但是自己还是要好好准备，演讲还是需要多锻炼的。

新的学期来临，大家又一次来到郭先生家上课。郭先生新买了金鱼，在客厅的茶几上放着，煞是好看，同学们看到之后大多不断称赞，却有两个人在争吵，争吵声越来越大，以至于客厅所有的人都不说话，静静地盯着他们两个人。

李自明一看，其中一个正是那个拒绝去演讲的同学，他很好奇，为什么这个同学在和自己的女朋友争吵。这对吵架的情侣看到所有人都安静地盯着自己，顿时脸色通红，郭先生问："你们两个怎么了？"

女孩子没好气地说："郭先生您不知道，前两天班级推荐他在迎新晚会上作演讲，他拒绝了。老师来找他谈了两次，他就是不答应。"

男生显得很是无奈："我上周在忙自己的事，我真没空去作什么演讲，对于我来说无足轻重的东西我干吗要去做？干吗要浪费时间？"

郭先生问："那是谁去的？"李自明举手示意是自己去的。

郭先生说："好了，你俩别吵了。今天我们上课的内容就调换成'不值得定律'吧，看看你们两个谁说的是对的。"

众人一脸茫然："不值得定律？这是什么定律？"

郭先生说："不值得定律最直观的表达就是一句话：

◆不值得做的事情，就不值得去做好！

"这个定律反映了人们的一种心理：如果从事的是一份自认为不值得的事情，人们持有的就是消极的态度。对自己做的事情，往往会敷衍了事。结果不但成功率低，而且即使成功，这个人也不会觉得有多大的成就感。"

听到这里，女孩子抱怨道："他以为他是谁？学院的老师来请他两次都不去演讲，他觉得自己比全学院还重要吗？"

男生说："我以为我是谁？我不是别人，是你男朋友！"

两人拌嘴，使众人哈哈大笑。郭先生笑着说："不是说不吵了吗？关于值不值得去做一件事，是每个人的价值观决定的。只有符合自身的价值观，我们才会认定这件事值得自己去做，然后满怀热情地去做。所以，纵使你是他的女朋友，你也不能把自己认为重要的事情强加给他，不是吗？"

女孩听老师这么说，还是有些不服气："好啊，那你说你去忙什么去了？你以前不是很喜欢演讲吗？还有什么比这个机会重要呢？"

男生生气地从兜里掏出两张门票："忙什么？你自己看！"女孩看到两张门票眼睛立刻就红了。

李自明无奈地撇撇嘴，开始认真地整理自己的笔记。管家递给女孩一包纸巾，李自明心想："管家大叔真是周到。"

郭先生清清嗓子："咳，上课，上课，你们都看哪儿呢？"看学生们都识趣地把目光收回来，郭先生接着说，"我们下边就具体地谈论一下'不值得定律'。比如同样一份工作，在不同的处境下去做，给我们的感受不同。可能在日常情况下，一件事情对于你来说非常重要，而在另外一种情况面前，这件事情的重要性就消失了。而你就会认为这件事情不值得去做。例子就在你们当中，我就不举了。而且还有一种心态，身处不同的地位，你也会对不同的事情有不同的看重。比如在一家大公司，如果你最初做的是打杂跑腿的工作，你很可能认为是不值得的，可是，一旦你被提升为领班或部门经理，你就认为这些都是分内的事情。这些一会儿我们都要谈论到。"

李自明提问："那么老师，什么事情才是值得我们去做的呢？"

郭先生说："值得做的事情当然就是：

◆ 符合我们的价值观，适合我们的个性与气质，并能让我们看到希望的事情。

"如果一件事情不具备这 3 个因素，你就要考虑这件事情值不值得你去做了。"

一位同学问："老师你刚才说过，在正常情况下，如果一个人从主观上认定某件事是不值得做的事，那么在做这件事的时候，他就不会全力以赴地去把它做好，即便做好了，他也不会觉得有成就感。那么实际上，这个'不值得定律'仅仅是一种心理效应喽？"

郭先生说："总结得不错，所以在做一件事情之前，你要根据这 3 个要素来判断。因为它是心理定律，所以很容易被理性所操控，然后为自己服务。当然，相对来说，一些感性的人就比较被动了。因此，对你们来说，在做一件事情前，要在多种可供选择的奋斗目标中挑选一个符合自己价值观的，然后为之奋斗。选择你所爱的，爱你所选择的，才可能激发你的斗志，这样你才可能全力以赴，并且在事情完成之后会很有成就感。"

有位同学说："说简单些，就是要做自己感兴趣的事情。"

郭先生说："并不完全对，我们先说对的部分。感兴趣的事情一般都值得做，而且因为有兴趣，你会做得很好，所以在一般情况下，我们尽量不要勉强自己或者别人去做实在不感兴趣的事情。从前有一个木匠拥有一流的手艺，他做出来的家具不但好看而且耐用。到了木匠年老的时候，他开始苦恼了，因为他有两个儿子，他很想把自己的精湛手艺传给自己的儿子，但是这两个儿子对他的手艺都不感兴趣，于是木匠觉得这两个孩子实在不孝顺，哪怕有一个儿子让自己的手艺可以有人继承，他也安心了。"

李自明嘟囔道："一辈子的手艺没人继承是挺可惜的。"

另外一个同学反驳："花一辈子学自己不喜欢的东西才可惜呢。"

郭先生说："说得都有道理，你们接着听，看木匠是怎么做的。木匠一气之下让他们哥俩都学木匠活！可是呢，无奈这哥俩根本不认真学，做出来的家具歪歪扭扭，不成样子。"

同学们有些无奈，一个同学说："我想静一静，这事真让人头疼。"

郭先生说："木匠也整天唉声叹气，逢人就说自己生了两个不孝的儿子，一点不体谅做父亲的苦心，都不肯好好学他的手艺。不过，这事也不是没有解决的方法，有一天，一位智者请这位木匠去做一些桌椅板凳，做完后智者请他喝茶，他便唠唠叨叨地对智者说起了这件事。"

同学们都很好奇："老师，智者是怎么劝他的?"

郭先生微笑着，接着讲道：

"那位智者不紧不慢地问木匠：'你喜欢喝茶还是喝白开水?'木匠说：'当然是喝茶了，白开水有什么味道?'这时智者一扬手，把木匠杯子里的茶倒在了地上，并且给他倒了一杯白开水，木匠不悦地说：'这是为何？你明知道我不喜欢喝白开水的?'智者笑着说：'你既然知道这个道理，那为什么还要把自己儿子的"茶水"倒掉，勉强他们来喝不喜欢的"白开水"呢?'木匠低下头说，'可是这样我的手艺不就失传了吗?'

"这时智者叫住了一个家丁问他：'这里有茶和白开水，你喜欢喝哪个?'

家丁说：'我喜欢喝白开水，因为白开水比较解渴。'木匠还是不明白智者是什么意思，脸上露出不解的神色。智者于是又笑着说：'何不把你的手艺传给喜欢做木匠活的人呢？'木匠听后恍然大悟……"

同学们听完也恍然大悟的样子："哦，也不是很高明嘛。"

郭先生笑了笑，喝口水接着说："这个故事里的木匠就不明白'不值得定律'。就像我在前面说的那样，尽管他技术高明，尽管他是孩子的父亲，他也不能把一件别人看上去不值得做的事情强加给对方。茶水虽然香味醇厚，可是就是有人不喜欢啊。"

追求应追求的，放弃该放弃的

有价值的人生需要开拓进取、成就事业，但更要懂得正确和必要的放弃。

李自明问道："老师，那假如这是一个很好的机会，但是我真的对它没有兴趣，做不好，但是我觉得放弃了又很可惜，怎么办？机会难得啊！"

郭先生说："之前我就说你不知足，世间的事情都是有舍才有得。你必须把自己的占有和追求欲放在一定阶段，控制在一个限度内。有一句话说：欲望是一道永远都填不平的沟壑，应对不断膨胀的欲望的唯一方法是克制你的欲望，把你的欲望控制在合理的范围内，不然你很容易得不偿失。"

有位同学拍拍李自明的肩膀说："这个限度呢，我替老师回答你吧，既不能不思进取，又要知足常乐！"

郭先生说："说得不错。刚才自明说的那种情况如果不能果断放下这个机会，那我们只会处在一种状态里：纠结的内耗。放弃这个机会觉得可惜，去做这件事情又觉得委屈自己。你的时间和精力就都用在了这上面，你还怎么去做好自己感兴趣的、应该去做的事情？记下这句话！"

◆错过了花，你将收获果实；错过了太阳，你将会看到璀璨的星光！

郭先生接着说："追求与放弃都是正常的生活态度，有所追求就应有所放弃。有价值的人生需要开拓进取、成就事业，但更要懂得正确和必要的放弃——这不是无奈，而是一种智慧。"

李自明说："舍得舍得，不舍不得，有舍才有得，要得就要舍。就是这个意思吧？"

郭先生说："舍不得，意为不想放弃已经有的或将会有的东西；不舍不得，意为没有付出就不应该有收获；有舍有得，意为作了付出就应该有收获。该放弃的时候放弃，是一个人精神内涵的自然流露，也是一种人生智慧，面对纷繁复杂的人生，应做到知其可为而为之，知其不可为而弃之。把有限的时间和精力投入到自己喜欢的事情中去，才能让你自己的生活焕发光彩。"

同学们安安静静地听郭先生说话，那对吵架的情侣重归于好，认真地做着笔记。

李自明挠挠头说："我知道错了。"

郭先生笑笑："机会难得，这句话不假。可是你要看这个机会是不是符合上边我们说到的那3个条件，值不值得你去做。舍得放弃是一种境界，如果你自己没有舍得放弃的魄力，那你的理想和奋斗目标都会在你纠结于一些对你没有意义的机会中变得虚无。"

久不见发言的班长托着下巴认真地在自己的本子上写了一段话，他旁边的一个同学说："班长大人，你这段话写得不错呀，念出来给大家听听。"

班长禁不住众人怂恿，得到老师的示意，读出了这段话："把自己局限在狭隘的范围之中，就看不到远处的风景，看不到真正有利于自己发展的机会。舍得放弃还是一种自守。"

郭先生听完发出一段感叹："世事变幻无常，众生的心态深邃似海，变幻莫测，人心种种，感时而变，形态各异。倘若让自己跟着诱惑走，被形形色色的欲望和身外之物所束缚，缠上了名缰利锁，这也舍不得，那也放不下，把精力全部耗费在这种无谓的选择上，那你实现自己理想的路途就真的被断送了。放弃不是不讲物质利益，而是保持淡泊、旷达的心境，专注于我们自己的目标和方向，不要成为欲望的奴隶。"

李自明记住了最后一句话："不要成为欲望的奴隶！"

把握好人生路上的平衡

放弃也是一种美丽，强求一些事情是不值得的！

一位同学问道："那老师，我说的不对的部分是什么？"

郭先生说："刚才你说要做自己感兴趣的事情，我说不完全对。因为在现实里，有些事情不是我们说有兴趣就能做好的。而坚持这种事情，也是一种无意义的精力浪费。"

管家从桌子的抽屉里拿出一把扇子，展开在桌子上。折扇的扇面上写着一段话：

◆许多残酷的现实是我们无法回避、无法选择和无法改变的，我们要学会坦然接受。接受不可改变的现实，不是逆来顺受，也不是不思进取，而是一种积极的顺其自然的人生态度。

李自明说："努力争取！"

郭先生笑着说："热情是很重要的，但是要意识到有些事情是你争取不来的。我记得你在练习演讲能力的时候说过这样一句话'演讲能力是可以后天培养的'。这句话反过来想，你就可以知道有些能力是你磨炼不出来的。"

李自明张大嘴巴："啊？当时我的意思是我的缺陷我都能弥补，还有什么是不可能的呢？"

郭先生举例说："演讲是可以磨炼的能力，因为如果一个人有想要和人交流的欲望，那么他就可以锻炼自己的语言表达能力。但是，如果一个人的声音天生尖锐聒噪，他再怎么练习，他的声音也不能变得动听起来。当然，他可以练习自己说话的艺术。"

一个学生问："难道坚持不是一种优点吗？"

郭先生说："事情是没有绝对的，在这个世界上，一个人不可能事事都做得来，爱因斯坦在科学领域独领风骚，可是他却不会收拾家。如果你终日坚持要去改变那些自己根本不可能改变的客观环境，就根本没有办法也没有时间感受那些属于自己的快乐，更不用谈实现自己的理想和兴趣了。因此，无论是在生活上还是在工作中，只要尽了自己的全部努力，就应该对自己表示满意，并尽量享受其中的乐趣。

"要实现自己的理想，除了做自己感兴趣的事情之外，还要知道自己的优点在哪里。当然，很多时候一个人的兴趣和他的特点是相结合的，但是有少数人却是喜欢一件事而自己做不好这件事。这个时候，你就不要再去坚持你的爱好了，这样会断送了你的前途。

"对于一个人来说，有很多无奈或不可改变的事，你不想因为这些事而断送了自己成功的道路吧。那你就需要换一种思路考虑：世界上每个人都有不一样的身世、不一样的家庭、不一样的学习和成长环境、不一样的特长，懂得理解和尊重客观现实，就能找到真正属于自己的成功之路。"

一个同学说："老师，有些事情不坚持是不知道结果的！"

郭先生说："是啊，有些事情，自己有特长，也有兴趣，值得去做，却不知道结果。那我们要做的就是这些事情，这些是我们值得做的事情啊！并不冲突！面对现实，并不等于束手接受所有的不幸。只要有任何可以挽救的机会，我们就应该奋斗！但是，当我们发现情势已不能挽回时，我们最好不要再思前想后、拒绝面对，要接受不可避免的事实，唯有如此，才能在人生的道路上掌握好平衡。"

李自明嘟囔道："不对啊，老师，从小到大，我们所受的教诲都是要我们学会坚持。对知识的固执追求，要锲而不舍，金石可镂；对事业的固执追求，要坚韧不拔，一直如一；对爱情的固执追求，要精诚所至……"看到所有的同学又在盯着他，他再度吐吐舌头，不说话了。

郭先生说："我亲爱的孩子们，在碰了很多钉子之后，你们是否发现，自己在无意义的事情上浪费了多少时间？荒废了多少青春？在头破血流之后，你们是否能够明白，其实，放弃也是一种美丽呢？强求一些事情是不值得的！"

李自明说："我在想我之前的观点到底有多少是错误的。"

改变自己，才能改变世界

当我们不能改变其他事情时，
我们可以改变一件事情，
那就是我们自己！

　　一个同学听到李自明这句话时哈哈大笑，然后提出一个问题："老师，说了那么多，我有个问题要问。在现实中，许多人都会不可避免地遇到这样严酷的事实：即使不喜欢所从事的工作，也必须长期努力地工作，有些不是我们想不坚持就可以放弃的，虽然我们知道这是在浪费青春，但是在为生活所迫、离开工作就会饿死的情况下，我们不得不去坚持。这该怎么看待呢？"

　　平时不大吱声的管家说话了："我这里有个例子，和大家分享一下。郭先生今天说了好多话，让他休息一会儿吧。"

　　同学们说："哈哈，那就有劳管家大叔了。"

　　郭先生点头，管家开始说话了："A 小姐在一家很小的民营公司拿着微薄的薪水，在一个她不喜欢的岗位做着她不喜欢的工作，而在此之前，她曾在一个外企做着很类似的工作。"

　　一位同学说："大叔，你真会吊人胃口，为什么她放着外企的工作不做，要进小公司呢？"

　　管家说："别急，这位小姐刚刚走出校门时，虽然就业压力非常大，但她很幸运地进入到一家外企，收入也不错，不过她对这个岗位的工作不感兴趣。于是她抱着一种只要有合适的工作就跳槽的想法开始了工作。在这儿工作了两年，她的工作能力没有什么明显提升，没有升职、没有加薪，公司还对她提出了警告：如果在之后的一年里她不能有所进步，公司将不再与她续签劳动合同！有了两年的工作经验，她认为自己已经有了足够大的能力，可以更换工作环境了，她不顾同事和家人的劝阻，毅然决然地提出了辞职。"

学生里总有缺乏耐心的，一个同学问："后来呢？她为什么就去小公司了？"

管家摇了摇头："她并没有那么幸运，社会在发展，当她再次加入求职的大军时，她才发现，现在以她的能力和水平很难再找到一个与原公司水平差不多的公司就职。迫于生活的压力，她来到了我说的小公司。"

同学说："这不能怪别人啊，是她自己态度不好，态度不好谁也救不了她！"

管家说："我们就是要汲取教训，那如果你们遇到了这样的情景，你们该怎么做？"

学生的目光都会聚在郭先生身上，郭先生哈哈一笑，把折扇翻了一个面，在另一边的扇面上写着：

◆当我们不能改变其他事情时，我们可以改变一件事情，那就是我们自己！让自己适应不能改变的东西。

学生们恍然大悟，管家说："我们工作得单不单调，全由我们工作时的心境来决定。如同我们在外面观察一个破旧的小屋，窗户也许早已残损，门可能也没有了光华，但是，如果我们推门走进屋里，看到的也许就是另外一幅景象——温暖的亲情。工作也是一样，只有当你身临其境、努力去做时，才能体会到其中的乐趣与意义。遇到这种情况时，我们就必须调整自己的心态，把它当作值得做的事去做，否则这份工作势必会成为我们的负担，长期下去将使我们心情压抑，甚至身心疲惫。"

一个学生问："那到底应该是怎么样的一种心态呢？"

管家大叔说："如果真的遇到这种情况，我们不妨用经营爱情的心情去面对工作。要在漫漫爱情路上苦心经营，这样的爱情才可长久；用这样的态度面对工作，才可能在工作中有所收获。也就是说，任何工作，只要摆在了你的面前都值得你做好，只要有了这种心态，你才会无往而不利。培养自己的能力，然后才有资本去寻找自己真正喜欢的工作。但是有个问题，如果你想这样对一个你爱的人，那么你就是背叛！所以，爱情不能将就，但是对待工作，有的时候在现实状况下必须将就。"

学生们说："管家大叔说得好啊！"

培养成就感和满足感

做好每一件值得做的事情，
培养我们的成就感和满足感。

郭先生问："你们应该了解了值得做的事情以及现实中不得不做的事情的区别了吧？"

同学们点头，接着有人问道："我觉得像经营感情那样经营工作，尤其是一个自己不喜欢的工作，真的很困难。我应该拿什么来慰藉自己？"

郭先生回答道："这个问题问得好，当面对无助的现实的时候，虽然通过自己的努力有改变自己前途的希望，但是在这个过程中要靠什么来慰藉自己呢？我个人的意见是你要学会培养和满足自己在工作中的成就感。这样，你就会慢慢觉得自己眼前的工作值得一做了。"

郭先生说："如果你手里的工作很困难，那你的成就感就需要很好培养，你可以限定自己每天上班完成的工作数量与质量，尽量使自己在规定时间之前很好地完成工作。然后告诉自己，你真棒！而当自己手里的工作简单时，你可以在做好自己手里工作的同时主动向领导要求一些有难度的工作，这样不但可以锻炼你的能力，而且可以让领导见识到你的能力。这很有利于你的升职或者加薪。

"其实一般来讲，企业的管理层都会注意员工成就感的培养和满足问题。如果你很不幸地被一个不合格的管理层人员所管理，那你要学会自己去创造环境。对于企业来说，员工的成就感很重要，如果你让你的老板明白了这个问题，你的环境会有根本的改变。你可以以合适的方式给你的老板写一封信，或者设计一个提案，在你的提案中，可以从企业角度来谈这个问题。当然，这有可能使你丢掉工作。但是，如果你面对的是这样一种情况：做着自己不想做的工作，想帮助公司而被辞退了，你大不了再找一个公司，因为已经不会比你之前的状况更糟糕了。"

刚才那位同学吞了口口水："我要冒着被开除的风险去这么做呀？"

郭先生说："符合我们的价值观，适合我们的个性与气质，并能让我们看到期望的事情，是一件值得我们去做的事情！我说的'我们'是指想要培养和满足自己的成就感的我们。值得去做，我们当然要去做了！而且，这种状况下，我们也不得不做了！当值得去做的事情和不得不做的事情结合在一起了，你肯定要去做了！"

做你认为值得做的

选择你所爱的，
爱你所选择的。

郭先生说："今天说的这个定律，可以帮助你们在生活中解决很多问题。比如，决策问题、职业选择问题、激励问题、恋爱问题、资源配置问题、个人消费问题、个人爱好问题，等等。"

郭先生说："说了那么多，实际上就是要磨炼自己，在没有到迫不得已的情况下，不要去做自己认为不值得、不喜欢做的事情。"

同学们点头，一个同学问："老师，你能不能帮我总结一下？"

郭先生说："可以，总结为4个原因：

做不值得做的事，会让你误以为自己在完成某些事情。你耗时费力，得到的可能仅仅是一丝自我安慰和虚幻的满足感；

不值得做的事会消耗时间与精力。资源是稀缺的，用在一项活动上的资源不能再用在其他的活动上；

不值得做的事会赋予自己生命。社会学家韦伯警告说：一项活动的单纯规律性会逐渐演变为必然性；

不值得做的事会层出不穷。做了不值得的事之后，接下来要为不值得之事继续提供值得后续的理由，不然你的精神无从寄托。"

一位同学发问道："老师，难道所有的人都是做了自己喜欢做的事情才成功的吗？"

郭先生回答说："这个问题问得好，你要明白一个问题：对于个人和他人来说，成功是不同的两个概念。"

"两个概念?"这位同学很惊讶。

郭先生说："是！有一个世界著名的指挥家，别人看他很成功，可是他自己却很痛苦。"

李自明说："老师，这是怎么回事?"

郭先生说："他叫伦纳德·伯恩斯坦，很喜欢作曲。伯恩斯坦年轻时曾经向美国最有名的作曲家和音乐理论家柯普兰学习作曲，附带学习指挥技巧。他很有创作天赋，曾写出一系列不同凡响的作品，他几乎就成了美洲大陆的又一位作曲大师。"

"后来呢?"同学们好奇地问。

郭先生说："就在伯恩斯坦在作曲方面一发而不可收的时候，他的指挥才能也被挖掘了。当时纽约爱乐乐团力荐伯恩斯坦担任纽约爱乐乐团常任指挥，伯恩斯坦一举成名，在近 30 年的指挥生涯中，伯恩斯坦几乎成了纽约爱乐乐团的名片！"

同学们说："他真幸运，就这么成功了！"

郭先生接着说："说了，个人成功的理念不同。在伯恩斯坦的内心深处，他更热衷于作曲。可是在闲暇时间，作曲方面的活力和灵感再也回不到他的身边了，除了偶尔闪现的灵光外，伯恩斯坦得到最多的却是深深的失望与苦恼。他的乐思好像一下子枯竭了。'我喜欢创作，可我却在做指挥！'这个矛盾的想法和事实一直在折磨着伯恩斯坦。当他在舞台上无数次接受掌声和鲜花时，他内心的隐痛和遗憾是很多人都不能了解的。"

刚刚那位同学说："我明白了，喜欢的事情、看着值得做的事情，并不是由外界评价的，而是自己内心所执着的。"

郭先生严肃地说："伯恩斯坦是出色的，在指挥上也是成功的。但是因为他的大半辈子都活在苦恼和矛盾之中，甚至最后还是带着深深的遗憾告别了人世，对于他自己来说，他是失败的。伯恩斯坦的经历告诉我们：'选择你所爱的，爱你所选择的。'只有这样，才可能激发我们的奋斗精神，也才可以心安理得。这也是'不值得定律'给予我们个人的启示：不值得做的事不要做，值得做的事就要把它做好。"

既然做了，就要做到最好

值得做的事情
就要把它做好。

李自明忽然举手问道："郭先生，说了那么多，好像我们的课程一直在说我们不值得做的事情就不值得做好，或者遇到不得不做的事情的时候要改变心态。那么，我们要做的值得做的事情呢?"

郭先生说："值得做的事情当然要做好！全力以赴！当你没有面临生活压力，不需要被迫去做你认为不值得做的事情时，你要知道你拥有了比那些被逼无奈的人太多的幸运机会。那么，你就要全力以赴地去做好自己喜欢的事情。"

管家递上来一双鞋，同学们很是诧异，管家伸手在鞋里拿出一张纸条：

◆任何值得一做的事情就是值得做好的事！

郭先生说："这是一个鞋匠送给我的售后服务，我第一次去这个鞋匠那里修自己的鞋，当鞋修好以后，我发现这个鞋匠所做的并不仅仅是修理工作，他在每只鞋里都放上了一块用蜡纸包着的巧克力夹心饼干，并且还有一张纸条，就是这张。"

同学们脸上的表情很是诡异，郭先生问："你们怎么了？"

同学笑道："没事，就是觉得饼干放进鞋子里……"

郭先生说："他把我送去修的鞋子刷得干干净净，不但没使我产生这种心理抵触，相反，让我相信他的鞋子洗得很干净！"

管家再度搬上来一幅画，放在了桌子上。画上画着这样一幅图景：修道院里，几位天使正在工作着，其中一位正在架水壶烧水，一位正提起水桶，还有一位穿厨衣的天使，正伸手去拿盘子……

郭先生说："这幅画临摹的是画家莫奈的作品，天使们在画里各司其职，虽然在他人看来，她们做的都是很简单的没有意义的小事，但是她们自己并不这么想，而是一心一意地去做好这些事。"

郭先生接着说："我们不是天使，我们也不是鞋匠，但是我们都知道了'值得做的事就要把它做好'这个道理。因此，当我们做值得去做的事情，不仅要把它做好，而且要用100%的精力。"

同学们互相看看，笑道："嗯，我相信我们都会努力做好的！"

李自明成了唯一没有"骄傲"的人，随后受到了同学们眼神的围剿："是的，是的，我们都很成功的！"李自明急忙说道。

青春感悟

◆要做符合我们的价值观、适合我们的个性与气质并能让我们看到希望的事情。

◆错过了花，你将收获果实；错过了太阳，你将会看到璀璨的星光！

◆许多残酷的现实是我们无法回避、无法选择和无法改变的，我们要学会坦然接受。接受不可改变的现实不是逆来顺受，也不是不思进取，而是一种积极的顺其自然的人生态度。

◆当我们不能改变其他事情时，我们可以改变一件事情，那就是我们自己！让自己适应不能改变的东西。

◆任何值得一做的事情就是值得做好的事！

Part 05

自我推销，需要奋不顾身的努力

人生，就是一场自我推销的过程。找工作，需要推销自己；竞聘新的岗位，需要推销自己……我们只有成功地推销了自己，成功地被顾客接受，才能进一步地将产品推销给顾客。人生这场自我推销的旅途，需要我们奋不顾身的努力。

自我推销，可以创造机遇

学会自我推销，
才能为自己赢得更多机会。

时光飞逝，所有的同学们都在逐渐成熟，日历飞快翻页，第二年初，同学们都开始找工作，准备实习。李自明这次来找郭先生，想让郭先生帮自己选择一下自己的职业。李自明准备去做销售员，之前他做销售助理的时候接触过这个行业，他喜欢上了这个职业。

郭先生说："可以，销售行业是很有发展潜力的行业，当然，竞争也很激烈。上次给你的名片你还留着吗？"

李自明从自己的笔记本里把名片拿出来，郭先生说："李兴的公司最近就在招销售员，你不妨考虑一下。"

李自明看着手里的名片，还有那句写给自己的箴言："既然李先生觉得和我有缘分，我就去试试看吧。"

郭先生把一份招聘启事递给李自明："祝你顺利。"

李自明按照自己的经历写了自己的简历，然后给李兴的公司打了个电话，公司的人事部门安排了他的面试时间。当天上午，李自明带着自己的简历来到了公司，结果刚进门，李自明就遇到了难题。

李自明看到面试的人排了很长的队伍，前台递给他一个号码，他发现自己已经是第 26 位了，而公司招聘的销售员只有 4 名。李自明心想："虽然很多公司是在面试完所有人才作决定，但是今天这么多人，可能在面试到我之前就已经招满了！我该怎么办呢？"

李自明翻着自己的笔记本，忽然看到之前自己记录的一个经典的面试故事，故事的前提和现在自己所面临的情况非常类似，李自明快速地寻找故事中主人公的解决办法，李自明拿出一张纸，在上面写道："考官大人，在您看到我之前，请不要作任何决定。我排在队伍的第 26 位。"

接着李自明很有礼貌地对前台说："麻烦您马上把这张纸条交给面试官，谢谢，这非常重要。"前台立即把纸条拿进了面试间。李自明心里有些打鼓，不知道这现学现用的一招好不好用。不一会儿，前台从里边出来，没有搭理李自明，径自回到了自己的座位上，李自明更忐忑了。

许久过后，终于轮到了李自明面试，李自明抱着一颗忐忑不安的心走进了面试间。他走进来，面试官拿着纸条问："这个纸条是你写的吗?"

李自明说："是的。"

面试官说："你很懂得推销自己啊，因为你这张纸条，我把录取决定推迟到了明天。"

李自明说："真是太感谢了。"接着，李自明的面试非常顺利，这一刻，他强大的内心、积累的工作经验以及良好的口才，让面试官频频点头。

第二天，李自明收到了被录用的通知。李自明看看自己的笔记本，感叹道："平时的积累真的很重要啊，趁这个机会去拜访一下郭先生吧。"说完，他骑着自行车来到了郭先生家。

他到了郭先生家门口，刚好看到一辆豪华的轿车停在郭先生家门前，郭先生和管家正送一个人出来。李自明停在一边等候，郭先生看到了他，朝他招手，李自明就走近了一些。

郭先生说："李兴，这就是你的新员工，李自明。李自明啊，这是李先生。"

李自明有些不知所措，李先生笑着伸出了自己的手，李自明和李兴握了握手。李先生说："我听人事部门说了;不愧是老郭教育出来的学生啊，很不错，加油干。"然后李兴和郭先生寒暄了几句，开车走了。

李自明盯着远去的车尾，郭先生问："怎么了？还没上班见到老板什么感觉？"

李自明说："哎，老师，别拿我开涮了，我有事要问您呢。您得再传授我些经验，不然我上班之后还得来麻烦您。"

三个人走进屋里，郭先生夸奖李自明说："昨天你去面试的情况我听说了，你表现得不错呀。"

李自明说："那张纸条是我从一个故事里学来的，随机应变呗。"

推销产品之前，先推销自己

伟大的销售员，
都会先推销自己。

郭先生说："那你知道推销自己的重要性了吧？"

李自明说："嗯，是的。我都没想到，面试官真的对我有了很好的第一印象。"

郭先生哈哈一笑："你已经具备了成为一个好的销售员的潜质了，因为世界上最伟大的推销员做的第一件事就是推销自己。"

李自明歪着头想了一会儿："郭先生，我不明白，我去求职的时候，面试可以说是自我推销。但是，我如果做起工作来，不就是推销商品吗？"

郭先生拿出了一个厚厚的笔记本，从李自明的角度看，本子没有什么特别的，郭先生打开本子，李自明发现本子里粘贴着各种颜色的纸条，有剪报、有杂志……郭先生指出一个人，李自明看到下边一段话：

◆推销大师卡耐基说："我们大多数的时候是在重复做同一件事，就是推销自己，让别人或社会接受，从这个意义上来说，人生就是一场推销。"

李自明问："卡耐基？"

郭先生说："嗯，很成功的一个人。怎么样？从我们要被别人接受的角度来说，我们是不是就是在做着推销自己的工作？"

李自明说："从这个角度来看，确实如此。无论你是在与人交往，还是推销自己的商品，也包括去某一个公司应聘，都是在进行着有意识或是无意识的自我推销。"

郭先生说："推销无处不在，一个有才华的人要做好推销，也要让别人先接受自己。当年东方朔刚入长安时，向汉武帝介绍自己的优点用了 3000 片木牍写奏章。汉武帝用了两个月时间才把它读完。奏章中，东方朔列出了自己一大堆优点，自称是一个不可多得的人才。汉武帝看完奏章，很是心动。"

李自明说："然后呢？这种自我推销的方法这么好用吗？"

郭先生说："但是汉武帝怀疑东方朔自卖自夸，并没有马上重用他。"

李自明又问："那接着该怎么办？"

"你耐心听完！"郭先生接着说，"当时的侍臣中，有不少身高非常矮小的侏儒与东方朔并列为郎，东方朔得不到宠信，认为自己空有才华也无处施展。于是他打算换种方式向汉武帝推销自己。东方朔吓唬侏儒：'皇帝嫌汝等无用，要把你们全部处死。'侏儒们闹到了汉武帝那里，皇帝很好奇，就问东方朔为何要吓唬侏儒们。东方朔对皇帝说：'侏儒高不过 3 尺，俸禄是一口袋米、240 个铜钱，我东方朔身长 9 尺有余，俸禄与他们相同。侏儒饱得要死，我却饿得要死。'"

李自明说："这次汉武帝什么反应？"

郭先生说："哈哈，反正东方朔是加官晋爵、大展才华了。你在向你的顾客推销商品之前，如果他们不接受你，那么你的产品再好，你也推销不出去，甚至因为顾客不接受你，还会对你所销售的产品产生抵触，进而影响你整个公司的产品销售。"

李自明吞了吞口水："这么严重？那我的压力岂不是很大？可是郭先生您说我身上有做优秀销售员的潜质，到底是什么啊？我怎么没发觉呢？"

郭先生笑着说："要推销自己，首先必须要有推销自己的信心；其次是要有勇气，这是推销行为的基础，如果你没有敲门的勇气，你就不可能挖掘到潜在的客户。当然，如果见不到客户，成功就是天方夜谭了；再次是要不断激励自己，坚信自己不比任何人差，这是推销员，也是每个人应有的心态；最后要不断解剖自己、接纳自己，从而正确认识自己、客观公正地看待自己的优点，努力克服自己的缺点，是每一个推销员都应该做到的。"

李自明说："老师，这不是你之前给我讲的那些课程吗？虽然大概有些表述不同，但是本质意思都相同啊。"

郭先生说："……伟大的推销员都是先推销自己。加上刚才那句话，我念的是一本书上关于怎样做好一个推销员的建议。你看，之前给你上的课程是不是已经培养了你的这些能力？所以，我说你有成为一个伟大销售员的潜质。"

自我推销需要技巧

自我推销就是
要全力表现自己。

李自明眼睛瞪得大大的："难道您是按一个优秀的销售员来培养我们的?"

郭先生说："不是，我是按一个成功人士应该有的气质来培养你们的。优秀人士在各种行业领域都存在，但是他们最本质的气质都是相同的。"

李自明问道："您一直在说要把自己推销出去。那么您看，东方朔在汉武帝那里都被看作是自卖自夸，我如果这么做不是也就被顾客这么认为了?"

郭先生说："在销售中，有些人总是胆小，不好意思推销自己，每逢谈到自己的时候总是显得扭扭捏捏。你演讲的时候有没有觉得自己是在自卖自夸呢?"

李自明说："没有啊，演讲当然要全力表现自己了。"

郭先生说："你也知道世界无处没有推销，那么你演讲不也是在推销自己? 既然演讲时你可以全力表现，为什么推销不行? 这里主要是一种方式的问题，只要你把握好方式，顾客就不会认为你是在自卖自夸。而有些人根本就是敢想而不敢说，甚至连想都不敢想，这就永无出头之日了，深懂推销之道的人在他们眼里就是'狂妄自大、骄傲自满、自我吹嘘'。殊不知，这些人的业绩每天都在进步，甚至已经超出他们很多倍。"

李自明说："对啊，为什么做推销就不能展现自己呢?"

郭先生接着说："在现实工作中不乏才华横溢的销售员却没能成功地把产品推销出去，有的销售人员勤勤恳恳，对于产品知识了如指掌，却得不到客户的赏识，这是为什么呢？我们常常会遇到这样的情形：上边提到的人总会怨叹世道不公，哀叹英雄无用武之地；相反，有些人虽然能力有限，却凭着推销技巧坐到了最适合自己的位置，被委以重任，事业蒸蒸日上。"

李自明挠挠头说："难道就是因为他们没有向顾客推销自己，没有把自己卖出去？"

郭先生点头："相比起来，前者抱有怀才不遇的心态，多是性格内向的人。而后者多是性格开朗的人，自我调节能力强，可以适得其所。两种不同性格的人，发展的结果也可谓有天壤之别。性格开朗的人善于推销自己，他们以自己的能力为筹码，善于运用自身的优势条件主动推销自己，让顾客接受自己，业绩和事业都是蒸蒸日上；而能力很强，但是却性格内向的人，却并未能把自己'推销'出去。他们到了如此的境地，原因就在于他们不会推销自己，他们不是没有能力，而是他们却埋没了自己的才能。"

李自明说："有道理，看来之前我认为的'自我夸耀'有些偏差啊。"

郭先生说："这是难免的，因为自我夸耀在传统文化看来是一种很不受欢迎的行为，而且一般人很难分清自我夸耀和恰当自我展现的界限，平时我们注意自己的言行举止是一种很好的习惯。看这段话。"郭先生指着本子上的另一段话给李自明看。

◆在销售行业，可谓就是一连串的推销，我们推销商品，推销一项计划，我们也推销自己。推销自己是一种才华、一种艺术。当你学会推销自己时，你几乎就可以推销任何有价值的东西。

李自明刷刷地记着笔记，郭先生接着说："如果你在推销自己的时候做到实事求是、不夸张卖弄、恰如其分，谁也不会说你狂妄自大。"

形成自己的销售风格

树立了良好的销售风格，
你就很容易被顾客所接受。

郭先生看李自明记完笔记，问了一个问题："自明，这个世界上什么资源是现在最充足的资源？"

李自明脱口而出："人力资源！不但充足，而且供大于求。"

郭先生点点头说："世界上人口的急剧增加造成了人力资源充足，与此同时，人才越来越多。可以说现在市场上人才济济，你说对不对？"

李自明点头。郭先生又问道："你用的一些产品，感觉质量差距大吗？比如洗发露、香皂之类的。"

李自明摇摇头说："换着用过几个品牌，说实话，我觉得质量都挺不错的，效果基本相同。"

郭先生说："那好，在一个人才济济、产品同质的时代，你期待自己的产品被顾客主动发现，这种机会有多大，我想你应该知道了吧？根本是微乎其微，因此，要想顾客认识你的产品，你首先就要学会推销自己，不仅如此，你还要形成自己的风格，让自己在人才济济的今天照样可以成为佼佼者。"

李自明有些疑惑："树立自己的风格？"

郭先生说："嗯，是啊。这个风格其实不单单是针对你的顾客而言，你在职场中也历练了两个月，你的每个同事都有自己的风格吧？有些人被人喜欢，有些人会被人在背后指指点点。"

李自明说："这是真的。暑假的时候我参加的那份工作，刚开始几天都比较清闲。领导和同事都已经快 40 岁了，我没事的时候就打扫一下卫生，帮他们打个水什么的。有时候我来得早了，就帮办公室的主管和同事都沏上茶，等主管和同事来到办公室时，一切都已准备妥当了。为这些事情主管没少赞许我呢，说我踏实能干。"

郭先生说："这是你在做销售助理、在办公室工作中的风格。你在销售中带给顾客的感觉，就是你的销售风格。销售风格对于一个新销售员来说很重要，树立了良好的销售风格，你就很容易被顾客所接受。来看这句话。"

◆在现代社会，一个人的事业发展之路已经从单纯地做一份工作、追求一个职业发展到了需要建立个人风格的程度！

郭先生说："对于个人风格，每个人都不尽相同。日本顶尖的推销大师原一平曾在日本保险界连续 15 年获得全年的销售冠军，并成为世界最杰出的十大推销大师之一。他的风格就是喜欢'微笑'，他掌握了 38 种微笑，为了征服一个顾客，曾经使用了 30 种微笑，最后他成功了。他的外貌条件并不突出，也没有其他吸引人的地方，但是靠着微笑，他做成了第一笔销售！"

李自明说："原一平吗？又是一位厉害的前辈啊。"

郭先生说："其实，自从你踏入销售行业起，你就开始了一个崭新的生活阶段。你不知道、不了解的知识还有很多。别忘了学习对于工作的作用。"

重视外表的魅力

为了可以在营销工作中抢得顾客第一印象的先机，推销员的外貌气质尤为重要。

李自明问道："老师你刚才说，原一平前辈没有突出的外貌条件，换个角度想，是不是突出的外表可以吸引顾客？"

郭先生对李自明说："当然！外表的魅力可以让你处处受欢迎，不修边幅的推销员往往第一眼就给人留下坏印象，此时就失去了先机。推销行业向来重视外表，衣着打扮品位好、格调高雅的推销员往往占尽先机。"

李自明说："那么我应该怎么打扮？"

郭先生说："对推销员来说，最重要的是打扮适宜得体，这样才能得到顾客的重视和好感。仪表的关键是适当的衣着，所以推销员应该注意自己的服饰与装束。"

"推销大师法兰克·贝格曾说过，外表的魅力可以让你处处受欢迎，不修边幅的推销员在给人留下第一眼坏印象时就失去了主动。

"伟大的英国作家莎士比亚也曾经说过：'一个人的穿着打扮就是他的教养、品位、地位的最真实的写照。'在日常工作和交往中，尤其是在正规的场合，穿着打扮的问题正在越来越引起现代人的重视。从这个角度来讲，服饰礼仪是人人皆须认真去考虑、面对的问题。"

李自明听到这里，打量了一下自己的衣着，坐得更端正了一些。

郭先生说："曾经有一个销售员把到了嘴边的生意给搞砸了，就是因为他那天仪表失态了！在此之前，经理在技术交流会上对他很感兴趣的。"

李自明问："他那天穿成什么样子了?"

郭先生说："他平日都穿得干净、潇洒并且神采奕奕，而那天因为下雨，他穿着旧西装、雨鞋，看着就像落魄的流浪汉，更别提推销了。"

李自明边想边说："同样一个人，服装搭配不同，给人留下的印象也完全不同，对交往对象产生的影响也不同。在特定环境下，每个人的衣着会表达出内心的要求。衣着搭配虽然没有言辞，却是每个人形象的延伸与具体化啊!"

郭先生："哈哈，说得不错。荷兰有位营销专家做过一个实验，他本人以不同的打扮出现在同一地点。当他打扮成无业游民时，接近他的多半是无业游民，或是来找火借烟的流浪汉。当他以绅士模样出现时，无论是向他问路或问时间的人，大多彬彬有礼，而且本身看来基本上是绅士阶层的人。在销售这种交往中，人们需要选择与环境、场合和对手相称的衣着搭配。"郭先生耐心地解释道。

李自明说："之前我的装扮就是普普通通的，让人一看就知道我是个推销员。"

郭先生说："你要特别注意，如果你在第一次约见客户时就穿着随便甚至脏乱邋遢，那么你此前通过各种渠道建立的良好客户关系就可能会在客户看见你的一刹那全部化为乌有。"

李自明问道："怎样才能很好地搭配呢?"

郭先生说："衣着搭配要符合你自己的风格，你应该注意：选择任何一种衣着都必须整洁、明快，而且衣着的搭配必须和谐。为此，你要记得留意生活中气质不凡的上司或同事，以及比较专业的杂志或电视节目等。千万不要把自己打扮得不伦不类。生活中衣着搭配的三大原则，自明你可以拿去参考。"郭先生拿过来一本书，递给李自明。李自明翻到一页，这样写着：

时间原则

时间既指每一天的早、中、晚 3 个时间段，也包括每年春夏秋冬的季节更替，以及人生的不同年龄阶段。时间原则要求着装考虑时间因素，做到随"时"更衣。

地点原则

地点原则代表地方、场所、位置不同，着装应有所区别。特定的环境应配以与之相适应、相协调的服饰，才能获得视觉和心理的和谐美感。

场合原则

不同的场合有不同的服饰要求，只有与特定场合的气氛相一致、相融合的服饰，才能产生和谐的审美效果，实现人景相容的最佳效应。

除此之外，正式场合应严格符合穿着规范。比如，男士穿西装一定要系领带，西装应熨得平整，裤子要熨出裤线，衣领袖口要干净、皮鞋锃亮等。女士不宜赤脚穿凉鞋，如果穿长筒袜，袜子口不要露在衣裙外面。

郭先生说："总之，为了可以在营销工作中抢得顾客第一印象的先机，推销员的外貌气质尤为重要。这些原则你在着装中都要注意。"

修养自己的内在气质

除了外表的魅力，
内在气质的修养也尤为重要。

李自明说："我要注意自己的衣着搭配，在销售中要赢得客户的认可。"

郭先生说："除了外表，对于推销员更为重要的是内在气质的修养。与方才提到的衣着相比，气质的修养需要推销员从内在出发，要注意文化修养学习，培养自己具有优雅、热情、诚恳等气质。这样的推销员才能被顾客接受和信任。一个拥有优雅气质的人，更容易与人沟通，得到他人的认可。"

李自明说："老师，每个人都会说气质，可是具体什么叫作气质？我有气质吗？"

郭先生说："气质是指人相对稳定的个性特征、风格以及气度。性格温和、风度秀丽端庄，气质则表现为恬静；性格开朗、潇洒大方的人往往表现出一种聪慧的气质；性格开朗、温文尔雅的人多显露出高洁的气质；性格爽直、风格豪放的人，气质多表现为粗犷；无论恬静、聪慧、高洁，还是粗犷，都能产生一定的美感。相反，刁钻奸猾、孤傲冷僻，或卑劣萎靡的气质，除了使人厌恶以外，绝无美感可言？"

李自明点点头说："气质美看似无形，实为有形。它是通过一个人对待生活的态度、个性特征、言行举止等表现出来的。"

郭先生说："前次来上课的时候，你们4个人就涌现了一种别人没有的气质。气质美首先表现在丰富的内心世界，内心丰富则包括很多方面。那次的课程对你们的影响则是内心丰富的一个重要方面，理想决定人生的目标，产生了异于他人的气质。

"没有理想就没有追求，内心空虚贫乏，就谈不上气质美。品德是气质美的另一重要方面，为人诚恳、心地善良是不可缺少的。还要胸襟开阔、内心安然。此外，文化水平也在一定程度上影响着人的气质。朋友初交，互相打量，有气质的人立即给人产生好的印象；反之，没有气质的人，无论衣着多么华丽，也不会带给他人好的印象。"

管家拿上来一张四格漫画，上边的内容很有意思：在纽约一次宴会上，有一位妇人刚获得一笔不菲的遗产。她似乎急于使人们对她留下一个愉快的印象，她花了很多钱买了貂皮外衣、钻石和珍珠，可是男士们对她那副雍容华贵的打扮并没有她想象中那么反映强烈。因为她根本没有注意到自己脸上的表情是那么的刻薄、自私。

李自明哈哈笑道："男士们所关注的更多的是女士们所表现出的那份气质和神态，而不是她们身上的衣着。这位大婶好像并不了解。"

郭先生说："你手里那本书，再翻一页看看。"

李自明翻开，上边写着：作为一个推销员，一般的气质表现有：

一、仪表。仪表礼仪很重要。一个长相讨人喜欢的医药代表自然容易给客户留下深刻印象。

二、善于交谈。一个具有高超推销个性的人，是一个习惯性的追求者，是一个强烈需要赢得和支配别人感情的人。顾客购买你的产品，一定是因为他被你的语言魅力所感染。

三、谦和。和气才能生财，如果一个人对客户说话时趾高气扬，那岂不是会把客户得罪干净？

四、欲望和斗志。一个推销员能时时刻刻像老板一样去工作，在面对拒绝和挫折的时候拥有坚韧不拔的毅力、强烈的进取精神，要有一定的决心和成功的欲望。

五、勇气与自信。有了自信也就有了勇气。当你面对顾客的时候，你表现得比顾客更专业、更优秀，这时候你肯定不会有胆怯的感觉，特别是初次做销售的人员，很多时候都是由于心理因素而放弃了推销行业。

郭先生总结道："内在的气质修养与外在的衣着搭配是互为点缀的。好的气质搭配上得体的衣着，会使得你在人群中脱颖而出。"

要注重销售礼节

在销售的过程中，

销售礼节不可忽视，

它可能直接决定销售的成败。

李自明问："除了仪表、气质，接着该是什么了呢？"

接下来郭先生写下了一句话：

◆销售中，绝对是讲究"礼多人不怪"的。"礼"可以解释为"礼貌""礼数""礼仪"。礼数周到可以让你的销售事半功倍。

李自明看了说："哎，我要学会送礼吗？我不喜欢做这种事情，老师。"

郭先生摇摇头："说到'礼多'，并非专指行贿送礼，败坏社会风气，而是在与人沟通交流方面要注意礼貌，注重自身的礼仪规范。你看你手里的那本书的第53页，有一位美国推销专家曾经说过的话。"

李自明翻到第53页，发明"销售关键语理论"且在推销教育上建立名声的费拉说："有些顾客对推销员很冷淡，好像故意要在双方之间设立障碍。其实，这个问题的症结八成是在推销员身上。根据我的经验，我敢断然地说：这是由于身为推销员的你在推销礼节上有某些缺陷所致。事实上，缺乏推销礼节会成为阻止你与顾客融洽交谈的一堵厚墙……"

李自明说："从费拉的话里不难看出这位资深的推销专家对礼仪的高度重视啊。"

李自明又问到了那个问题："那么，我到底应该怎么做？"

郭先生说："首先，要善于倾听。善于交谈的人一定善于倾听，在与顾客的交谈中多听顾客的想法，有助于销售员了解更多信息，亦有助于建立与客户的相互信任。"

　　"其次，要保持轻松。在和顾客的交谈中，一定要以轻松自如的心态进行，过分紧张会导致你看起来不可信。"

　　"最后，不要抱怨。在与顾客的交流中应避免抱怨，无论是对自己的雇主还是公司。抱怨会对自己和公司形象造成伤害，没有人喜欢满腹抱怨的人。"

　　李自明说："听说人们对礼貌的感知十分敏锐，有时，即使是一个简单的'您''请'等字眼，都可以让他人感到一种温暖和亲切。"

　　郭先生说："嗯，因此你既要保持礼貌，还要让自己充满热情，让他们敏感地感觉到。热情是销售工作中很重要的一种态度。销售人员经常被人称作是'热情的传递员'。假如你对自己推销的产品充满热情和信心，这种热情就能够感染他人，从而使你的客户感受到你的这份热情，并接受它。"

　　李自明说："热情？哈哈，我知道了，我说为什么我们公司众多看似才能平平的推销员居然比那些天分较高的推销员创下更好的成绩，原因原来如此简单，就是他们拥有无比的热情，并且实践于行动。因为他们热衷于自己的推销，那一股热情自然而然地感染了买者，使买者在不知不觉中产生了购买欲望。"

　　郭先生说："说得非常对！销售员不能销售出去商品，是因为他们没有把自己销售出去。你自己的内心冰凉而疑虑的时候，你不可能引燃别人心中的热切之火。销售的第一步——把自己推销出去！"

　　李自明说："那我做销售必须充满热情呀！如何让自己保持热情呢？"

　　郭先生伸出两根手指："提供两种可以借鉴的方法，一是要了解自己的产品；二是相信自己的产品会给客户带来许多好处。"

　　李自明说："这样就可以保持热情了吗？"

郭先生说："我们知道，你越是喜欢自己的工作，你就越在乎它。如果你对公司产品和服务都很在意，你就会从心底在意你的客户；一旦你真心在乎你的客户，你就会悉心地帮助客户在采购方面作出明智的选择。那么客户必将满意你的服务，从而带来更大的潜在销售。这会提高你的收入，让你获得收益。"

李自明说："对，能提高我的收益我肯定就会充满热情！"

他接着说："有些公司非常注重热情，超过了对人仪表的要求。美国一家汽车商要招聘一名推销员，前来报名的应试者中，许多人不仅仪表非凡，而且学历又高，结果面试官们却录取了其中一位身穿粗布工作服、脚着一双帆布运动鞋的大个子杰姆，你一眼就觉得他做不好销售的。考官们决定录用杰姆，是因为他一进门见到陈列室的汽车，就大声嚷嚷说：'说真格的，我从心里想把这些汽车卖出去哩！'他的热情打动了考官。"

李自明说："那我应该怎么办？我发现我整天都在思考这个问题！"

郭先生说："你是来学习的，多问几个为什么没错，接着看你手里的书。"

李自明见书中有一页写着：让推销员对自己的工作激发起热情的方法有下面几种可以一用。

随时养成坐到前面的习惯

集会的时候，后排的座位往往先坐满。大多数人喜欢坐在后面，或许是因为不愿意太显眼。但是这种态度会让他们自己显得畏缩不前。在别人看来，这就缺乏热情。如果坐到前面，就会让人觉得我们充满热情与自信。

养成凝视着对方交谈的习惯

交谈时注意凝视对方，既出于礼貌，也等于在告诉对方："我对你说的话完全相信。同时我没有恐惧感，我对自己充满信心。"

走的速度比别人快 20%

心理学家说，一个人改变动作的速度就能把自己的态度连根改变。走路比一般人略快的人，等于告诉自己说："我有事情要做，并且我会尽快做成功。"

主动发言

在会议上，你必须养成主动发言的习惯。越能主动发言，越能体现热情与自信，而这种情况下，对方也会喜欢与你交流。

大方、开朗地微笑

当你微笑时，请别忘了要大方、开朗。大方、开朗地微笑，可以吸引对方并博取好感。

"热情友好地做好你的销售，可以帮助你的顾客接受你，把你自己推销出去！"郭先生总结道。

重视肢体语言的魅力

不只是我们的语言在表达自我，我们的肢体和动作也在传递信号。

郭先生问："自明，你知道我们有几种方式与人交谈吗?"

李自明说："看过一本杂志，杂志上说，我们会用 3 种方式与人交谈：语言、声音和肢体语言。"

郭先生点点头说："加州大学洛杉矶分校的阿尔伯特·梅拉宾研究表明，人们只有 7% 是用语言表达，38% 是用声音完成，而通过肢体语言进行的部分占到了 55%。由此可见，注意我们的肢体语言是很重要的。你的动作是极为丰富复杂的符号，它不仅代表推销员本人的修养，也会在客户的心里留下一种相应的印象。"

李自明说："可是我在绝大多数时间里对自己的肢体语言完全没意识，就是自然而然的举动。"

郭先生说："这很正常。然而，只要有正确的信息和稍加练习，我们就可以训练自己克服消极的肢体语言习惯，发挥它的优势，让你变得强大。"

李自明问道："我要注意些什么呢？"

郭先生说："比如与人交谈时距离的远近会在对方心里产生相应的距离印象，在与人交谈时，与对方保持半米距离较为合适。除了距离之外，你表现懒散或无精打采，都会让人觉得不舒服。因此要保持微笑，保持善意的眼神。要注意去除不友好的姿势。"

李自明揉揉太阳穴："怎么这么麻烦……"

郭先生说："还好啦，在日本，商场很重视职员的行为动作。有的百货商场对职员的鞠躬弯腰都有具体标准：欢迎客户时鞠躬30°，陪客户选购商品时鞠躬45°，对离去的客户鞠躬45°。客户会非理性地把这种印象迁移到推销员所代表的公司身上。"

李自明汗颜不已："这么严格？"

郭先生说："我们的目的是让与我们交谈的对象接受我们的信息，但是这并不简单。这意味着无论你是站在讲台后面、坐在会议桌前，还是仅仅在闲谈，都要让聆听者感到舒适和明确。"

李自明说："看来肢体语言得当与否与交易是否可以达成的关系很密切啊！那么什么样的姿态是得体的？而什么姿态又犯了大忌呢？哦，我自己翻书，应该会有吧。"

书上写着：

直立的姿态会显得有自信。两脚分开，与肩同宽会使人觉得很可靠。胳膊自然下垂，置于身体两侧，手指静止，可以使你看起来自然和轻松。

与人沟通时，头要端正并且不要乱动。通常，我们在倾听时会点头，表示赞同。但是要注意场合，有时候点头是一种看起来并不好的习惯，因为它显得比较生硬。

双手抱胸：这个动作都会令对方觉得你是在抗拒，心里并不相信对方的话，是一种不服气的态度。不仅如此，经常不自觉地双手抱胸的人在人群中会被排斥，还会加重自己的疑心，变得过于固执。

眼现三白：是指并没有正眼注视对方，而是由下往上看，而且眼睛是向上吊着的，在眼珠子的左、右和下方都见到眼白，此谓三白眼。目光正视代表诚意、正直与信心坚定，而眼见三白却代表叛逆与不屑。在销售过程中出现如此的眼神，客户怎么会觉得舒服？又怎么会接受你的建议呢？

没有说话时嘴不要乱动，除非有说话的需要，否则你的嘴巴还是闭着为好。千万不要出现没有说话而嘴唇却上下动，出现自言自语或是无语露齿的模样。这会令说话者分神，很难博得别人的好感。

在行为学上，坐时跷着二郎腿虽然代表自信心坚定，但是容易显得自夸，说起话来让人觉得夸大其词且不着边际。如果给客户这种感觉，当然很难取信于人，更不用说提高销售率了。

郭先生说："总之，不只是我们的语言才能表达自我，我们的肢体和动作也在传递信号。当别人和我们当面交谈的时候，他们看到的东西就与我们说的话同样重要，甚至会更加重要。"

发掘自己与顾客的共同点

发现别人的偏好并建立共同之处，对别人感兴趣的话题产生兴趣，就能建立良好的关系。

李自明说："肢体要到位，然后呢？要注意礼貌。我向您来推销产品来了，老师。"

郭先生说："不够和蔼可亲，我个人比较在意这个哦！"

李自明反问："和蔼可亲？"

郭先生说："嗯，一个和蔼可亲、开朗爽直的推销员，会激发顾客购买商品的兴趣。相反，一个阴暗冷漠的推销员会让顾客感到反感。销售员与顾客的关系越融洽，越能取得顾客的信任。我们来看一个事例吧。"

被誉为世界上最伟大的推销员乔·吉拉德讲过这样一个故事。

有一次，一位中年妇女走进乔·吉拉德的展销室，说她想在这儿看看车打发一会儿时间。在和她的闲谈中，吉拉德得知她想买一辆白色的福特车，因为她表姐开的就是那辆。但对面福特车行的推销员看到她开了部旧车，以为她买不起新车，便让她一小时后再去，于是她就先来吉拉德这儿看看。接着，女士告诉吉拉德今天是她55岁生日。吉拉德对女士说："生日快乐，夫人！"同时吉拉德告诉她自己的展销室里有一种双门轿车也是白色的。此时吉拉德的女秘书送来一束玫瑰花，吉拉德将花和自己的祝福送给了那位妇女，妇女很受感动。

"已经很久没有人给我送礼物了。"妇女说，"我刚要看车，福特的营销员却说要去收一笔款，于是我就上这儿来等他。其实我只是想要一辆白色车而已，只不过表姐的车是福特，所以我也想买福特，现在想想，不买福特也可以。"最后她从吉拉德这儿买走了一辆雪佛兰。吉拉德并没有劝她放弃福特而买雪佛兰，只是因为她在这里感到受了重视，于是放弃了原来的打算，转而选择了雪佛兰。"

李自明说："哦，如果我是那个消费者，我也会喜欢一个和蔼可亲、开朗爽直的推销员，哈哈。"

"这是推销员的首要准则。每个人都有基本的分辨敌友的能力，所谓和蔼可亲，就是要有真实的情感和诚恳的态度，对顾客要亲切。当你予人善意时，影响就会像旋风一样越来越大，你的财运就会越来越旺。"郭先生喝口水说道。

"如果我想使自己和蔼可亲、平易近人，应该怎么做呢？我该翻到多少页？老师。"

郭先生说："好像是 128 页。"

书上说，和蔼可亲要做到以下这些：

鼓励别人谈论自己："您觉得……如何？"询问对方意见并注意倾听对方回答，对方会觉得他们的经历得到了你的认可。下次遇到这些人提到这事例，他们会觉得你很在乎他们。

从心底产生兴趣：对别人感兴趣的话题产生兴趣就能建立良好的关系。在意别人的偏好并建立共同之处，很容易进行深一层的交流。

记住对方的名字：人的名字对人来说是非常重要的，交谈时使用名字表明你很尊重他们，把他们作为单个的人来看。这不仅使人觉得自己非常重要，而且还会使他们对你产生好感。

李自明说："学习，学习，学习，加油！好多东西要学。"

细节决定成败

认真做事只是把事情做对，
用心做事才能把事情做好。

"自明，有些小细节的毛病你得注意，比如你边吃水果边和我说话。在家人或者熟悉的朋友面前，不注意细节没人会在意。但在与顾客洽谈生意时或者公共场合，你的行为则必须合乎规范，也就是符合社会所认同的礼节标准。否则会被认为是失礼，不仅贻笑大方，而且影响你的正常商务活动。"郭先生提醒道。

李自明一愣，不好意思地挠挠头，他赶紧咽下去嘴里的水果："知道了，老师。"

郭先生笑道："有人曾经说，上天不会给你第二次机会塑造美好的第一印象。上边我们所说的就是为了塑造美好的第一印象，'千里之堤，溃于蚁穴'，可能我们精心准备的一切会毁在一些细节上。注意细节也是一个好的推销员必不可少的修养。"

李自明说："比如?"

郭先生说："在 69 页，自己看看吧。"

只见第 69 页写着这样一句话：永远比客户晚放下电话。

销售员工作压力大，时间也很宝贵，尤其在与较熟客户电话交谈时，很容易犯这个毛病。与客户还没说几句话呢，没等对方挂电话就先挂上了，如此，客户心里肯定不愉快。永远比客户晚放下电话也体现了对客户的尊重。有些销售员有不好的习惯会说："没什么事的话，那我先挂了。"

与客户交谈中不接电话

销售员电话多，与客户交谈中没有电话好像不可能。但是出于礼貌，在接电话前会形式上征得对方允许，一般来说，对方也会大度地说没问题。但一般对方在心底里会泛起"好像电话里的人比我更重要，为什么他会讲那么久"的想法。所以销售员在初次拜访或重要的拜访时绝不应接电话。如打电话的是重要人物，可以提前约定好时间，或者接了马上挂断，等会谈结束后再打过去。

当着顾客不要打哈欠；当着顾客不要抖动双腿；当着顾客不要掏耳抠鼻；剪短指甲，保持清洁；在餐桌上不要剔牙，不要乱吐；在社交场合不要搔头皮；不要随地吐痰；叫顾客要注意不要用"喂"，显得不礼貌。

其他的具体身体细节包括：

头发：头发最能表现出一个人的精神状态，销售人员的头发需要精心打理和梳洗。

耳朵：耳朵内应保持干净。

眼睛：眼角要保持没有异物。

鼻毛：鼻毛不可以露出鼻孔。

嘴巴：牙齿要干净，口腔无异味。

胡子：胡子要刮干净或修整齐。

手部：双手保持清洁，指甲要修剪整齐。

西装：要保持西装的庄重，西装的第一个纽扣需要扣住；上衣口袋不要插笔，两侧口袋最好不要放东西，如香烟和打火机等。记住西装需要及时熨整齐。

鞋袜：鞋袜须搭配平衡，两者都不要太华丽，保持皮鞋的干净明亮。

名片夹：使用品质优良的名片夹，取出名片时要落落大方。

笔记用具：要精心准备商谈时用到的笔记工具，要能随用随取。避免用一张随意的纸张记录信息，显得不尊重。

李自明说："老师，这本书一会儿我带走。"

郭先生点头说："你要注意，与客户交流的过程，细节可能转变他对你的整体看法。因为在交易过程中，客户往往不具备理性心态，你的表现往往是决定他对你的产品态度的首要条件。"

李自明说："所以我必须注意这些细节方面，有时会影响到我的整个交易的进度哦。"

郭先生说："有句话说得好：'认真做事只是把事情做对，用心做事才能把事情做好。'用心做事，就是在做对的基础上注意细节。在这个以细节制胜的时代，被忽视的细节可能导致你之前的努力付诸东流。想成为一名成功的销售人员需要特别注意自己的形象。从这节课开始，摒弃不良习惯，注意自己的个人形象，打造一个全新的自我。"

发自内心的微笑 ｜笑容能照亮所有看到它的人，像穿过乌云的太阳带给人们温暖！

李自明问："郭先生，刚才我们说到叫原一平的那个前辈，微笑是原一平先生的个人风格，很重要吗？"

郭先生说："一个人的表情，最让人觉得舒服的就是微笑。微笑，是人类最基本的动作。作为一个销售员，学会微笑很重要。现在，微笑已经不是一个人的风格了，整个服务业都在流行。在过去，没有人想到过花钱买东西需要得到微笑的服务。而随着近年来社会的进步，消费者开始要求商家的服务态度，商家也意识到微笑是生意中的润滑剂，一些公司就将微笑视为企业营销战略中一个重要的组成部分。"

李自明说："随着经济发展，很多之前大家不注重的东西现在已经开始注重了。"

郭先生说："嗯，消费者在进步嘛！上边也提到过这一方面，微笑成了消费者的一种心理诉求。随着消费心理逐渐成熟，消费者开始意识到，他们不仅需要产品质量上的完美，还需要消费过程中的心理享受。另一方面，微笑是一种交流的艺术，恰到好处的微笑可以帮助企业营造良好的商业氛围。微笑可以让公司更好地处理与消费者的纠纷，给企业带来更多的成功。因此'怎么微笑'成了所有销售员必须面对的一个重要命题。"郭先生抽出一张纸，还是卡耐基的话。

◆笑容能照亮所有看到它的人，像穿过乌云的太阳带给人们温暖！

郭先生说："自明，你要记得对人微笑，这是一种有涵养的表现，它有一种力量。微笑可以温暖人心，可以增加你平时状态下的业绩，也可以很好地弥补由于失误造成的客户心灵上的损失。微笑就可以看作是销售员与客户沟通的桥梁。"

"销售人员走南闯北，的确很劳累，很辛苦，不可避免地会疲倦，并带有一些情绪，在与客户见面的时候，难免会忘记自己的微笑。但是你要记得，从心理学上来看，人与人之间的交流，前10秒钟很关键，这10秒钟可以决定对方会用何种态度跟你接触。所以，无论我们在与客户见面前发生什么事，都是你自己的事，对客户必须时刻保持微笑。"

"保持微笑，发自内心地微笑。"李自明边嘟囔，边记录着。

在拒绝中成长

克服自己的恐惧，
勇敢面对客户的拒绝，在拒绝中成长，
这是销售人员成功的第一步。

李自明拖着沉重的步子坐在路边的椅子上，这是他正式上班的第七天，他只做成了 3 笔交易，这对于他来说打击很大。因为公司里的上司，甚至是老板李兴对他的前景都很看好，李自明觉得如果自己第一个月做得不够好，那么所有的人都会对他失望吧。

李自明忽然想起了上次他遇到的那个推销员，虽然两个人销售的产品不同，但是李自明觉得自己有必要取经，学习一下人家的经验。但是转念一想，对方又不是像郭先生一样是自己的导师，为什么要和自己分享经验呢？抱着试试看的态度，李自明拨通了那个夹在他笔记本里的名片上的电话。那边传来一个很轻快的声音："喂，您好，很高兴接到您的来电。"

在听到这位销售员的声音时，李自明的情绪莫名地高涨了一些，李自明详细地说明了自己的处境，没想到那边的销售员哈哈大笑："您别急，我之前做销售的时候还没您的情况好，但是你要在拒绝中学会成长。哎，我来客户了，回头联系，抱歉。"

李自明的手机传来挂断的声音，他没有精力注意到对方迅速挂断电话的无礼，他现在的心思全部在一句话上边：

◆在拒绝中学会成长！

李自明飞快地翻阅自己的笔记本，他记得自己之前在公司做销售助理的时候记载了一些销售员讲述的经验。他按照日期，翻到那些记录，他看着自己记录的东西，心里感慨着自己有做笔记的习惯真是太幸运了。

他记录了这样一些内容：在现实销售工作中，顾客不同的拒绝话语往往能够透露出他是在敷衍了事，还是从心里完全不接受销售员的商品。

这样的拒绝往往只是一种敷衍，并不是完全义正词严的拒绝：

现在生意不好。

我需要同我的合伙人商量一下。

我还没有准备好呢。

再考虑一下。

我必须好好想想。

我们的预算已经花光了。

两个月后再联系吧，那时我也许需要。

我得考虑一下，对我来说质量不重要。

对于这样的顾客，你就要根据你自己的技巧和经验来判断顾客的本质需求是什么，所犹豫不决的东西是什么，然后满足他的需求，让他对犹豫不决的方面在心里踏实下来。

客户真正拒绝我们会这样说：

我想看看其他供应商的产品。

我没有支配预算的权力。

我有更好的选择了。

我有钱，但不需要。

我不喜欢，不相信你。

李自明接着翻，却发现没有对付这些顾客的方法，手里仅有的资料就剩下这些了。忽然他翻到了那个销售员送给他的那个写有箴言的撕开的包装盒，还有前些日子郭先生言传身教的"要推销商品，先推销自己"的内容。

李自明开始细细回忆自己这几天的坎坷经历，他想知道自己下一步该做什么，思考良久，他在自己的笔记本上写下来一段总结：

并不是只有你面对客户屡遭拒绝，很多销售人员都在面对这些尴尬和难堪，但是并不是所有的人都像你一样不知所措，接着选择逃避。冷静地回忆这7天来的经历，你应该发现选择逃避就等于轻易放弃眼前的推销机会，以后将承受更为沉重的业绩压力。不学会面对被拒绝，就不会有业绩，恐怕不但大家对你失去信心，连你的职位也保不住。

我们很难令客户对我们的产品一见钟情，并且产生强烈的购买欲望，但我们却可以通过自己的态度、表现和行为技巧逐步改变客户的警惕心理，使他们对我们自身以及我们的产品逐渐认同，从而促成交易。

克服自己的恐惧，勇敢面对客户的拒绝，这是销售人员成功的第一步。对客户的拒绝理由进行猜测，这有助于提升你应对拒绝的能力。

深呼吸了一口气，李自明给自己定了一个目标，他打算在月底之前认识100个新客户，而不去关注第一个月可以销售多少业绩，他打算先推销自己。看着街上来来往往的行人，他又一次确定了自己的目标，他相信自己会成功的。

等待机会不如创造机会

销售人员要非常主动，随时挖掘身边潜在的客户，这样才能为自己创造更大的机会。

李自明现在坐在公司的培训教室里，他们在上销售的培训课，他已经工作3个月了，业绩在公司里属中等偏上水平，并不突出。但是，所有部门的销售员议论起来都说李自明的业绩做得真好，第一是他来的时间不长，第二就是顾客对他的反馈很好。

辅导老师进来之后，大概询问了几个销售员的情况，开始上课了。李自明从自己的包里拿出一本新买的笔记本——之前那一本用完了，正安安稳稳地待在包里，每天李自明都会拿出来重温里边的知识。

课程开始没多久，就听一个学员提问到一个问题："老师，我们总是找不到客户，我们该怎么办呢？"

李自明咬着笔杆，盯着老师。听到一位学员这么问，老师在讲台上问："请问你平时都是怎么销售呢？"

这位学员说："就是守在一个地方，等人上来询问我的产品啊。我在学校的时候，做的工作就是这样子的。"

李自明心里有些嘀咕："没有好的态度，谁也救不了你。难道你不去找客户，还要客户来找你吗？"

培训老师笑了笑，让那位销售员坐下，说："我想大家都知道守株待兔的故事吧？虽然我们不是那个守株人，但是有件事你们要知道，你们的顾客可不会主动来找你们的。李自明同学是哪位？"

李自明有些疑惑，但是站起来后微笑着回答："老师，是我。"如果李自明的同学在他的身边，绝对会发现李自明这些日子里的变化，他比之前成熟了许多，在 3 个月的销售中，他的微笑已经每天都挂在脸上，很自然、很亲切，让人觉得看到他的微笑就好像靠近了温暖，接着和他说话，他的言辞总是让人觉得自己被温暖包围了。

培训老师说："李自明同学，听说你在公司里的销售业绩虽然不高，但是口碑很好。那么请你谈谈，你的客户都是怎么寻找到的呢？你有什么技巧吗？"

李自明保持着微笑说："谈不上什么技巧，我只知道我们销售人员的最终目的就是要把自己的产品卖出去。但是不会有顾客主动找上门来说：'你好，你们的产品我都要了！'如果真的存在这样的情况，那么所有的销售员都要失业下岗了！你们觉得呢？这样的话，销售员也就没有存在的必要了。我每次都是主动去找自己的客户的，做销售，每个人都可能是你的客户。"

培训老师点点头，会心一笑："销售人员要做到非常主动，随时挖掘身边潜在的客户，保持与客户做深层次的沟通和交流，或许最初这个人没有成为我们的客户，但是在以后的一段时间，他有可能会给我们带来业绩。我希望这些话对刚刚那位提问的同学有所帮助。"

那位销售员又站起来问："每个人都可能是我的客户，我觉得这只是一种理论上的说辞，每个人都在街上忙碌自己的事情，你怎么可能让他们停下来去听你的解释呢？"

培训老师说："我有一位朋友，是一个管理咨询公司的董事长，他每次坐飞机都会主动认识一下坐在他身边的乘客。这是他多年做销售养成的习惯，他感觉多认识一些人对自己的工作和销售有很大的帮助。既然这位同学提到没有人去听你介绍产品，我就给大家讲一下我这位朋友的一次经历。"

"有一年，他应邀飞去广东授课，回京途中遇到了这样一件事。这次他的邻座是一位面无表情的老兄。他主动向那人打招呼，说：'您好！您旁边是我的位置。'同时他指了一下自己的位置，那位老兄看了他一眼，站起来让他进去，但是依然面无表情。"

"飞机起飞后，这位老兄看都没看我这位朋友，眼神看着另一侧，面色阴暗，好像是遭受了什么打击。一般人对于心情不好的陌生人都会避之不及。可是，我这位朋友认为这是一个认识人的好机会。"

"我这位朋友寻找着切入点，想和这位老兄交流一下，就在这时，那位老兄叹了口气'唉'，我这位朋友一听他叹气，当即在旁边也叹了口气。果然，这位老兄掉头看了他一眼，他就有了和这位老兄交流的机会。"

"这位老兄头一转过来，我这位朋友就对他说：'先生，心情不好吗？我看您在叹气！时间还蛮长的，我们聊聊吧！说不定我能帮上您呢。'那位老兄眨眨眼睛，想了想，开始向我这位朋友介绍他的情况。原来这位老兄是深圳一家橡胶模具厂的厂长，因为橡胶模具在深圳竞争越来越激烈，工厂资金出现问题，他们工厂已经连续3个月没有开工资了，很多人堵在工厂的门口向他讨要薪水，工厂濒临破产。"

"我这位朋友显得很好奇：'那您大老远跑到北京为了什么？'"

"他说：'找人咨询呗！企业运转了3年，之前都没有察觉到这样的问题，现在突然有麻烦了，我自己还解决不了。听说北京的专家多，就来请教请教。'"

"我这位朋友接着问了一句：'那您联系好咨询公司了吗？'对方摇头。"

"我这位朋友马上拿出一张名片递给他，说：'我是北京一家营销咨询公司的董事长，我们可以沟通交流一下吗？'对方看了一下名片，说：'那咱们就交流一下呗！反正飞机上也是待着。'"

那位提出质疑的销售员坐下之后无话可说，但是好像并没有因为自己的问题得到了解答而感到开心，而是一个人在那里生闷气，好像与人争论失败的样子。李自明看到他的表情，叹了口气，接着将培训师讲的事例记录了下来，附加了一句话：

◆销售无处不在，在飞机上，这位前辈又找到了一个客户，靠的就是自己的主动。

技巧只是一种辅助手段，取得成绩还要靠成功者必须具备坚定、踏实、耐心的性格。

只有具备成功者的品质，才能成功

这天是一个周末，同学们约好今天聚会。李自明看看自己这个月的销售业绩表，满意地点点头，但是嘴里对自己说："你还是不够努力，你可以做到更好的！今天给自己放一整天假，很久没和同学们一起吃饭了，好好玩哦！"

李自明从宿舍楼里出来，就碰到了几个同学，他骑着自行车和几个同学有说有笑地往聚会的地方去。大家都在实习期间，谈论起对方的工作状况，真是各有千秋，有一些同学不是很理想。

同学们到齐之后，看到空着两张椅子，李自明问："班长，是不是还有谁没到呢？"

"同学们都来了，我们没迟到吧，哈哈。"就见郭先生和管家坐在两张椅子上。

看到两张熟悉的面孔，所有的同学都激动了："郭先生、管家大叔，好久不见！"

李自明就坐在管家旁边，管家说："自明啊，我听说你最近工作得不错哦。"

郭先生和其他几个人也聊得很开心，李自明听到管家这么说，哈哈一笑说："还好，业绩在缓慢地提升呢。"

郭先生到来，必然要讲到怎么工作的事情。同学们的问题铺天盖地而来，每个人都想做好自己现在的工作。郭先生选择重要的认真回答，李自明一直没有吱声。郭先生回答完了问题，有些纳闷地问："今天自明为什么没有问题呢？很出乎我的意料呀。"

李自明说："我最近也在纳闷，为什么到现在我还没遇到工作中的问题，哈哈……"

一位一直没有吱声的同学问："自明，你是不是也在做销售呢？"

李自明点点头，那位同学说："那你的业绩怎么样？"

李自明说："实事求是地说，比别人都强一些。但是，并不突出。"

那位同学说："我学习了很多技巧，却没有效果，郭先生，您看这是怎么回事？还有，自明，我想从你这里再学一些你的技巧。"

郭先生询问了一些事情，然后点点头，对这位同学说："在一个公司，曾经有一个非常成功的推销员，他的推销业绩是一般人的数倍，即便是其他所谓成功的推销员也只能望其项背。似乎这些人怎么努力都无法和他相比。于是，很多人也想得到这名推销员的成功法则。"

听到这句话，李自明和那位做销售的同学都精神一振，问道："老师，他的秘籍是什么？"

郭先生说："有一天，这位销售员公布了自己的销售秘诀，他在大礼堂前的舞台上竖着一个高高的架子，拿粗大的钢索拴着硕大的铁球。他要向所有人都公开销售秘密。那天去了很多销售员。推销员走上舞台没有说话，也没看台下的听众一眼，径直走到铁架下面，从口袋内掏出一只小锤子，开始敲击悬着的大铁球。他手里握着的那把小锤子只有不足一厘米大。"

那位同学说："老师，您别开玩笑。难道他想用这么小的锤子敲动那个大铁球?"

郭先生说："是啊，很多人都觉得他是异想天开。但是，老推销员在台上不紧不慢，按着自己的频率和节奏敲击着那只大铁球。午夜过后，细心的人发现，在推销员不断的敲击下，那个大铁球已经开始稍稍有些晃动了。随着时间的慢慢推移，在老人不停顿的敲击下，那个大铁球摆动的幅度越来越大。推销员不动声色，依旧按部就班地做着自己的事情，到最后，那个大铁球剧烈摇摆起来，而且，每一次剧烈的摆动都带着'呼呼'的风声，显然冲击力是相当大的。"

"怎么可能? 简直是异想天开啊!"李自明惊讶地说。

郭先生说："这个时候，推销员终于停止了手里的动作，将小铁锤收起来放进口袋，然后走到台前，对大家说：'现在谁能将它停下来? 你们听懂了吗? 如果你不踏实地去做，你拥有再多的技巧也不行。我能使得铁球摇摆，是因为我每一下的敲击，还有我的耐心和坚持。'"

李自明坐直了身子，就像是亲眼看到了那个成功的销售员，眼睛直愣愣地看着郭先生。那位同学认真地点点头，也掏出一个本子和李自明一起记录着不同的感悟。郭先生拿出那支钢笔，在手边的纸巾上写了一段话：

◆让铁球摇摆得呜呜生风的，并不是那丁点大的锤子，而是成功者坚定、踏实、耐心的性格!

在场的每个人对这个故事都很诧异，但也都若有所思地点点头。

为成功作好准备

机会是留给有准备的人的，成功同样如此。

　　李自明看着这个月自己手里的业绩单，眉头紧锁。这是第五个月了，相比前 3 个月业绩增长的速度，最近两个月的业绩基本没有变动。他好像真的遇到大问题了，他遇到了事业发展的第一个瓶颈。他把自己制作的业绩排行表拿出来，发现自己在公司排行的名次已经两个月没有前进了，这个月因为两个人的业绩突出，他的名次还有些下滑。

　　他翻开自己之前的笔记，看了又看，还是不知道自己的问题出在哪里，他现在的业绩不错，月收入平均也能有 4000 元左右。但是这距离他想要的生活还有太大的差距，他看着自己的目标，一阵默然。他突然一拍大腿，冲出宿舍，骑车朝一个地方飞驰而去。

　　"管家，好像是有人在按门铃。"郭先生正准备喝茶，门铃响了起来。

　　"郭先生这次比我听得准，我想又是自明来了。我出去看看……"管家笑着说道。

　　果不其然，郭先生等了一小会儿，李自明大步流星地就走进了客厅，还没坐下就把手里的业绩排行表递给了郭先生。郭先生叹口气说："别急，每次来见我你都没有平时沉稳，这次是什么事？"

　　李自明说完自己的事情，期待地看着自己的导师，郭先生喝了一口茶说："自明啊，你终于走到了一个新的台阶上，从此以后，我教你的东西更多的是要靠你自己去领会和运用了，而我之前教你的东西对于你以后的发展只是一个基础。"

李自明说："我自己温习了所有的课程内容，却没有找到问题所在。"

郭先生说："一流的销售员和普通销售员有很多区别，其中之一就是普通的销售员遇到销售瓶颈时就会满足于自身的业绩，止步不前。要做一流的销售员，还有更长的路要走，你作好准备了吗？"

郭先生看到自己的学生飞快地拿出了纸和笔，认真地盯着自己，笑道："你一直在准备着啊！"

青春感悟

◆推销大师卡耐基说："我们大多数的时候是在重复做同一件事，就是推销自己，让别人或社会接受，从这个意义上来说，人生就是一场推销。"

◆在销售行业，可谓就是一连串的推销，我们推销商品，推销一项计划，我们也推销自己。推销自己是一种才华、一种艺术。当你学会推销自己时，你几乎就可以推销任何有价值的东西！

◆在现代社会，一个人的事业发展之路已经从单纯地做一份工作、追求一个职业发展到了需要建立个人风格的程度！

◆笑容能照亮所有看到它的人，像穿过乌云的太阳带给人们温暖！

◆时间原则。时间既指每一天的早、中、晚3个时间段，也包括每年春夏秋冬的季节更替，以及人生的不同年龄阶段。时间原则要求着装考虑时间因素，做到随"时"更衣。

◆地点原则。地点原则代表地方、场所、位置不同，着装应有所区别，特定的环境应配以与之相适应、相协调的服饰，才能获得视觉和心理的和谐美感。

◆场合原则。不同的场合有不同的服饰要求，只有与特定场合的气氛相一致、相融合的服饰，才能产生和谐的审美效果，实现人景相容的最佳效应。

◆销售中，绝对是讲究"礼多人不怪"的。"礼"可以解释为"礼貌""礼数""礼仪"。礼数周到可以让你的销售事半功倍。

◆在拒绝中学会成长！

◆销售无处不在，在飞机上，一位前辈又找到了一个客户，靠的就是自己的主动。

Part 06

赢得忠实的客户，需要奋不顾身的毅力

一个伟大的销售人员，需要有一批忠实的客户。如何才能赢得忠实的客户呢？如何才能让客户对我们的产品乃至我们自己永久地有兴趣呢？这就需要我们在开发客户时，站在客户的立场上思考问题，面对客户的异议时，拿出奋不顾身的毅力来。

凡事不能尽力而为，而要全力以赴

> 一件事情，要么做到，
> 要么没有做到，
> 根本没有
> "尽力而为"之类的说法！

郭先生说："你先提出你的问题吧。"

李自明说："为什么我觉得我已经推销出去了自己，很多顾客也很喜欢我，但是做成的交易还是不多？"

郭先生保持着微笑说："你的业绩不是在公司不错吗？怎么还能说做成的交易不多呢？"

李自明看到郭先生的眼睛里有些期许的神情，很认真地回答说："我的薪水每个月平均下来只有 4000 元而已，距离优秀的销售员尚有一段距离，李先生公司里的最顶尖、最优秀的销售员的年薪都是几十万，我和人家的差距……"

郭先生说："你之前的工作一直忙于自我推销，这并没有错，但是你没有弄明白到底什么才能给你带来回报。"这个时候管家拿上来一种新鲜玩意儿，像"大富翁"游戏，但是还有一摞很厚的纸片。

李自明知道管家不会拿无聊的东西出来，他有些惊奇地看着这些东西。

郭先生说："这是一个桌面游戏，但是这些卡片都是一些我自己写的箴言。我想你是不是需要呢？现在我们来看看你的运气，能不能抽到一个适合你的箴言。"李自明接过管家的骰子，掷了一个五点。郭先生从纸片中抽出一张，递给李自明看：

◆销售中的尽力而为与真正做到有极大区别并体现在结果上！

李自明说："老师，这是什么意思?"

郭先生说："你先别急，你还记得上次聚会我讲的优秀销售员和铁球的故事吗?"

李自明说："嗯，记得。"

郭先生说："当时我说的只是一部分，其实每个优秀的推销员除了耐心和脚踏实地的努力之外，还需要拥有很多东西，比如刚刚你抽到的这句话。销售行业有一句老话：'电话铃一响，销售就完成。不是你销售给他，就是他销售给你。'你的业绩没别人的好，很可能他销售给了你的客户。"

李自明哑口无言。他记得飞快，然后目光紧紧地盯着郭先生的嘴，问道："那我该怎么办?"

郭先生抿嘴笑了起来。他完全清楚，李自明此时是什么感受——在这个时刻，他知道自己的人生将发生改变。郭先生说道："自明，你先说一下你的看法。"

李自明说："好像我的主管曾经说过，好的销售员从来不会谈论他们如何艰苦地工作，只会谈论获胜如何美妙。所以，如果我说'我尽力了'，我想这实际上是在说'我失败了'，因为'尽力而为'并不等于'真正做到'了。"

郭先生说："我们先来玩一局'大富翁'吧。"

一局后，郭先生轻易地赢了李自明："你刚才说的那段话很好，这局你尽力了，但是你还是输了，这不会给你带来任何收益。这就是那句话的意思。"

"不过，为了强化这个观点，我得告诉你一个简单的例子，这是很重要的。"郭先生伸手从衣袋里掏出了自己的钢笔，"这次再来一局，赢了的话，我把这支钢笔送给你。"郭先生很认真地说。

这一局苦战，李自明的运气好像很好，最终他赢得了那支钢笔。

郭先生说道："你做到了！你并不只是'尽力而为'了。一件事情，要么做到，要么没有做到，根本没有'尽力而为'之类的说法！"

"原来如此啊，我也在为自己的失败找借口。每时每刻都在使用'尽力而为'这个词。"李自明看着手里的钢笔，说道。

"没错。你明白了这件事情，下面这件事情就不难理解了，"郭先生道，"'销售'这个词语可以让人为之激动不已。在销售过程中，给你回报的不是那些尽力而为的销售，而是那些真正达成的销售。"

销售的最高境界是成交

> 最成功的销售大师
> 根本就不是在销售，
> 而是在成交。

李自明说："原来……原来我一直……在犯错误，却没意识到。"

郭先生说："好了，下了两盘了，该走了。"

李自明没反应过来："啊？去哪儿呀？我才刚来。"

郭先生说："明白了真正意义上的销售，我带你去看一下什么叫作成交。"

李自明赶紧收拾了一下本子，和管家还有郭先生往后院走，李自明很好奇为什么要往后院走，不一会儿，他看到了郭先生的汽车，吞了吞口水，他心中的欲望就像当时看到这座别墅一样。

郭先生说："原本就是想出去的，刚好让你去看看真正的销售大师，他们从来不做销售，他们只做成交！"

有机会乘坐郭先生的车，李自明心花怒放。在路上听到郭先生这么说，李自明有些疑惑："销售和成交有什么区别吗？"

管家随即用手机打了一个电话，然后 3 人开车行驶了一段路程，来到一家高档汽车经销店。"最成功的销售大师并不只是向你宣传自己的产品，他们还会激发你立即购买的欲望。也就是说，他们可以控制成交这个结果！每次销售都是增加收入的机会——通过一次成功的成交来结束销售！"

到了目的地，管家去停车，郭先生和李自明边走边聊："你应该见过那些销售人员，他们拼命地展示自己产品的价值和亮点，想让你购买。他们运用各种手法向你讲述你需要该商品的种种理由以及非买不可的理由。还有集市上卖油炸土豆切片机的小伙子或姑娘，你见过吧？他们向过往人群高声吆喝：'上来看一看啊，自锯齿发明以来，这是最新奇、最伟大的发明啊。瞧一瞧啊，看我操作演示了啊。'"

李自明兴奋地点点头，郭先生接着说："这种销售方式很有趣，如果运用得当，有时候也能产生一些销售。但这并不是最有效的销售方式。最成功的销售大师根本就不是在销售，而是在成交。"

"这儿的老板是我的一位朋友，"郭先生说，"他已经同意让我们观察他的销售人员如何销售。你随便看看，听听他们是如何成交的。我找我的朋友有些事情。"

李自明在公共场合显得很是稳重，微笑着点点头，实际上心里已经兴奋不已了。不一会儿，就看见一位神情迟疑的男士走进了卖场，一位销售人员迎了上去。

"嗨，你好。你今天心情还好吧？"销售人员握着顾客的手问候道。

顾客有些迟疑地说："还行吧，不过如果能买到新车，我的心情会更好。"

"太棒了！你打算买什么颜色的呢？有什么特别的要求吗？自动挡的还是手动挡的？折篷车还是硬篷车？"

"哎，我不知道。"顾客说，"我先看一看，考虑一下吧。"

过了一会儿，销售员走近顾客，问道："找到喜欢的车了吗？"

"找到了，可就是太多了。我还是回家征求一下家人的意见吧。想好后，明天我再来。"顾客对他说。

"这是我的名片。"销售员彬彬有礼地说，"一定要来找我。明天上午9点到下午5点，我都在。"他们握了握手，然后就各自走开了。

管家走进来，也看到了这笔交易，问道："这种销售技巧好吗？"

"我认为还不错。"李自明迟疑地说。

管家说："那边是一些销售大师，我们再看看成交大师的高招！"

在另外一个方向，李自明和管家看见一位衣着光鲜的男子正盯着展厅内的一辆红色敞篷跑车看。

"好眼光！真是人如此车啊！"顾客还没来得及说话，一位销售人员就大声喊了起来。

"很高兴见到你！"他握着顾客的手，自信地说。

男子说："这辆车很漂亮，不过，说实话，我想买一辆黑色的。"

"不成！"销售员说，"你需要的就是这辆车。你多大了？30左右吧？太棒了！你需要一辆红色的车。红色能吸引人们的注意力。想一想，开上这家伙，你会多么风光！邻居们都会羡慕你的。"

"没错，不过，这是手动挡的，我一直倾向于自动挡的。"顾客回答说。

"当然，你可以买这样的。"销售员表示赞同，但是接着说，"不过，你喜欢这辆红色跑车，如果买手动挡的，它带来的乐趣你就无法享受了。这辆手动挡的红色跑车，将给你带来无穷乐趣。我是说，它本来就是这样设计的。"

"没错。"顾客很兴奋地回答道，接着又犹豫地说，"但是我爱人让我买一辆硬篷车。"

"这辆车大部分时间是你来开，对吧？"

"我想是这样。"

"好极了！"

"就买这辆敞篷车吧。一辆手动挡的红色敞篷车！说真的，我也想开这款车。我们还是赶快去付款吧。今天晚上，有人要来付订金购买这辆车。我觉得，谁先付订金谁就能得到这辆车。现在这辆车归你啦。跟我来，我们去办手续吧。"

顾客已经跟着销售员朝办公室走去了。

管家问："自明啊，瞧见了吧。"说完递给李自明一张纸片——管家带了几张"大富翁"的纸片。

纸片上写着：

◆成功的销售员，随时准备成交！

通过营造情境赢得销售

设置情境给了他们一个买的理由。

将情感注入情境之中，

就给了他们立即购买的理由。

管家和李自明四下转了一会儿，郭先生走了过来问道："怎么样？自明，学到什么东西了吗？"

李自明说："我好像有些感悟，但是还没有具体的收获。"

郭先生说："时间差不多了，我说过了这些东西和之前的不同，要你自己去实践运用，管家，把所有的箴言都给他吧。就看你自己的了。"

"老师，再告诉我一件事吧。我一直在思考销售策略，但是毫无头绪，拜托，拜托！"

"好吧，你拿出一张纸片读出来，回去的路上，我再给你上一课。"郭先生对李自明说。

◆ 情境和情感一旦结合，就会变成威力强大的销售工具！

李自明读出手里的卡片，接着问："老师，什么意思呢？"

郭先生打开车门坐进车里，等李自明也进来，回答说："情境和情感这两种东西缺少任何一个效果都将不同。你仔细想想吧。清仓大甩卖，这种销售只有销售情境。某个小伙子挥舞着双臂，高声吆喝，招来顾客，这是不折不扣的销售情感。但是这两种销售手段单独使用都有可能让潜在顾客感到厌烦，甚至会把潜在顾客吓跑。所以我们需要把情境和情感结合，一旦结合，就会创造奇迹。"

李自明问了一个很实在的问题："怎么结合？"

"这儿有一个例子。"郭先生指着街边的一个店面说，"认真听。"

李自明听到了下边的广告："几年来我们辛勤创业，但因为最近房租翻倍，我们不得不忍痛告别顾客朋友们。后天下午1点，我们将关门歇业。现在全场清仓，亏本甩卖，超值商品抢购良机，借此报答顾客朋友们对我们的大力支持。"

郭先生问："你有什么感觉？"

李自明说："我想下去买点东西。"

郭先生："别急，管家，一会儿走右边那条街。"

李自明很纳闷，不一会儿，又听到一则广告："感谢顾客的支持与厚爱，我们的店铺重新开张了，今天到下周四推出开张让利大销售活动。"

郭先生说："上周我刚听他播出和上一家店一样的广告，这就是一种情感和情境的结合。人们需要购买的理由，每个人的消费都需要引导。设置情境给了他们一个购买的理由。将情感注入情境之中，就给了他们立即购买的理由。"

"事情如此简单，真是不可思议。"李自明说，"我现在才了解销售的意义，我对销售有了全新的看法。有一天，一位销售人员劝说我购买了 5 张 CD，现在我才明白，他销售了情感和情境：我本来只想买 1 张的，可他说如果买得多的话就有 10% 的优惠，让我觉得好像是帮我在省钱，然后我就买了 5 张。"

郭先生耸耸肩，说："这里边还包含了一种销售技巧，使得你认为这位销售员就是在为你省钱。销售成功必要的条件就是要让顾客感觉到你的热心和诚意。俗话说'精诚所至，金石为开'。相反，假如你自己都意不明、情未动，表里不一，怎么去表情达意感动顾客？'巧舌加诚意，用一根头发可以牵动一头大象。'"

李自明拿着笔飞快地记录，并对郭先生反馈了一点信息："郭先生，我明白了一件事，我知道为什么我的销售口碑很好，但是业绩却不如那些一流销售员了。之前我所做的都是在推销自己，我个人的风格基本就是真诚和微笑。可是我却没有营造一种情境，虽然很多人喜欢我，却没有购买我的东西。"

郭先生说："呵呵，自己努力去从生活中学习经验吧，另外记住一句话，顾客是销售员最好的老师。"

李自明却觉得自己已经站在了一个新的起点，他拿着手里厚厚的箴言纸片，还有手里郭先生输给他的那支钢笔，对郭先生笑道："老师，那盘'大富翁'也送给我吧。"

将顾客进行分类，因势利导

针对客户的个性特点，
将其分为不同类型，
采取投其所好、
对症下药的销售方法。

郭先生笑道："'贪得无厌'，这就是你的性格特点！每个人都有自己的性格特点，作为销售员你要采取适合客户性格特点的方式和对方沟通交流，这点很重要。"

李自明说："老师，您总是能从一些我意识不到的问题上告诉我知识，那么怎样去识别客户的个性特点，并采取怎样的应对策略呢？"

郭先生说："对于推销员来说，针对不同类型的顾客，要采取不同的销售方法，针对客户的个性特点，能够将部分顾客分为以下 3 类：

忠厚老实型

这种顾客毫无主见，好说话并且富有同情心，不管推销员说什么，他们都点头微笑，连连称好。推销未开始时，这种顾客心中会有"拒绝"的屏障，但当推销开始，他就觉得你说的言之有理，并且点头称是，交易达成基本没问题。面对这种顾客，推销员不用投资太多感情，每次见面组织好会谈，基本就可以达成交易。

自我吹嘘型

这种顾客喜欢自我吹嘘、炫耀自己。凡事都喜欢发表意见，更喜欢自吹自擂。比如，他们总是吹嘘自己比你懂得多，他们很希望自己的地位优越于他人。

此类顾客喜欢夸大自己，有极强的表现欲，推销员应当认真倾听他们的言论，最好能表现出羡慕和钦佩的表情，这种顾客的虚荣心被彻底满足之后，一般不会拒绝推销员的产品。这种顾客还有一个特点，他们知道自己知识肤浅，很难比得过推销员，吹牛归吹牛，他们不会把自己捧上天，他们会给自己找台阶下。有时你有必要表现自己的专业知识。

冷静思考型

这类顾客冷静、沉着、思维严谨，不容易被诱导。在交谈过程中，这类顾客喜欢思索，一句话也不说，有时提出几个问题，有时默默地观察你。这类顾客往往给人带来压抑感。不过，这类顾客并不讨厌推销员，他们只不过要通过推销员的语言来探知你的人品真诚与否。此类顾客往往有学识，并且对商品也有一些认识和了解。因此，推销员必须从产品的实际特点着手，通过举证、比较、分析等方式将产品的特性及优点全面向顾客展示，以获得顾客的理性支持。因为推销建议顾客需要经过理智的思考分析后才有可能被接受。"

李自明边听边点头，然后感慨地说："对，这3种人是经常遇到的3种类型，针对不同类型的客户要采用不同的策略。我知道了，老师。"

李自明接着说："另外，我听说性格是人际交往的第一要素，不同的人有不同的性格，不同性格的人所喜爱的东西不一样，所对应的心理状态也就不一样，对人际交往的需求也就不一样。不了解别人的性格，想成功赢得客户好感的机会并不大，交易就不好做。那么每个人的性格应该怎么分类呢？"

郭先生说："有个心理学家说得不错，他把性格分为活泼型性格、完美型性格、力量型性格、和平型性格。然后他总结了与这些性格的客户该怎么相处。在车的手套箱里，你自己找找看。"

李自明翻开副驾驶座位前的手套箱，翻出一本书，郭先生说："你打开第一页。"

对待活泼型客户，一定要满足他们爱说话的习惯，不要打断他们，要对他们的发言给予肯定并欣赏，这样，他们很快就会喜欢你。经常与他们联系，一起吃饭、游玩，就能迅速增进双方的感情，取得他们的信任。

对待完美型客户，服务态度一定要认真，不能有丝毫马虎，因为他们既属于冷静的思考者，同时又属于很情绪化的人，对待他们不喜欢的人，他们会不屑与之交往。要给他们一个选择与对比的时间，他们绝不会轻易与人签单。

对付力量型客户的解决方案：要学会聆听，而且要听得仔细；即使客户说得不对，也不要反驳他们；只要满足他们的要求，他们就会很快签单，因为他们更关心结果。

对于和平型的客户，多跟他们联系，直到让他们觉得不好意思拒绝你了，就会签单。一般遇到这样的客户，大多人都采取这种死缠烂打的方式。当然，有一个前提，自己还必须把各方面的工作做到位，在价位上客户能够接受才行。

我们在与客户的交往中，要通过分析客户的语言表达来了解客户的性格。一般来说，客户在语言表达上有4种：积极发言；注意倾听；沉默；不爱说话。

积极发言的客户属于外向型性格，其性格中或者存在活泼型的因子，或者存在力量型的因子，我们再根据他们发言的内容就可以得出他们是积极型还是悲观型的人。

注意聆听的客户有两种，一是他对于产品方面什么都不知道，只好聆听，还有一种是这个客户的素质较高、修养较好——通过他后来的语言表达即可知道。

保持沉默的人，一是性格内向，天生不爱说话；二是比较深沉的人，多半是属于完美型性格的人。如果在交往中一直都不爱说话的人，性格上肯定是内向、孤僻，这种客户需要你有爱心、耐心和诚心。他们的内心深处其实渴望交流，渴望得到别人的理解和关爱，当你的方案真的满足了他们内心的需求，他们会对你非常信任！

"怎么样？你大概了解了吧？"郭先生问道。

李自明如获至宝，说："嗯，嗯，是的。"

探索拒绝背后的原因，对症下药

销售员必须了解顾客产生异议的真正原因，探寻其拒绝购买的"潜在动机"。

李自明记录着老师说的话，忽然问了一个问题："郭先生，我想知道销售的本质是什么？为什么会有销售的存在呢？"

郭先生说："本质说不清楚，但是你要明白有需求才有销售这个道理。也就是说，如果你找到了客户的真实需求，你可以很轻松地迎合他的需求，介绍产品的特点，让顾客知道原来面前的产品就是他所需要的，顾客就会马上购买。

"我想你在销售中也了解到，顾客对于产品的异议主要来自5个方面：商品特性、商店设计布局与形象、价格适宜程度、何时购买和购买数量的多少。商品特性包括式样、颜色、尺寸、型号、质量等。推销员必须了解顾客产生异议的真正原因，探寻其拒绝购买的'潜在动机'。要弄清这一'潜在动机'，需要推销员向顾客提出问题，并细致地观察顾客的回答，从中得到拒绝购买的真相。"

李自明说："您是说，顾客购买产品是因为他有需求，而这种需求得到满足涉及各方面因素。前面已经提到的5个因素中，有一个不符合客户需求时，顾客就有可能放弃购买。"

郭先生说："对啊，事实经验表明，顾客无论用什么方式反对，这些反对只是一个借口，以掩盖他们拒绝购买产品真实的动机。比如，顾客无权作出购买决定，但是为了掩盖这个原因，客户会在产品上挑毛病。因此，推销员必须了解顾客潜在的真正拒绝购买的原因。通过向顾客提问题，得到答案。"

郭先生说："这是一本销售案例的书，你看这篇案例。"

李自明打开书：

推销员："这种热水器质量很不错。"

顾客："是吗？哦，但是，待我考虑过后再说吧。"

郭先生解释道："顾客的'考虑过后再说'是带有反对意见的购买信号，总之，这个顾客是持购买欲望的。尽管这个顾客看上去不愿购买，但事实上他还是需要购买热水器的。也就是说，你有成交的机会，但是存在一些问题，顾客需要考虑。这时，推销员要对顾客进行诱导，抓住其真实的动机。"

李自明说："那我来看看这个推销员是怎么做的。"

推销员："看来您需要购买一个热水器，请问您喜欢哪种款式呢？"

顾客："我不喜欢这种类型的，我觉得它不安全。"

推销员："哦，这样啊，那我给您拿一种安全系数高的看看。"

郭先生说："在案例中，顾客提出异议的真实原因是因为他觉得安全系数不够高。一旦推销员了解到这个问题，及时采取相应措施，生意马上就可以成交。"

李自明说："果然是对症下药！"

郭先生说："在销售中，顾客提出异议，出于顾客自身方面的原因基本上有以下几种：

顾客本能的自我保护意识。

顾客对商品不了解。

顾客缺乏足够的购买力。

顾客已有较稳定的采购渠道。

顾客对推销品或推销企业等有成见。

顾客的决策有限。

销售过程中产生反对异议是正常的，提出异议的顾客才是潜在的最有可能的顾客。销售人员可以针对问题找到相应的解决方法，从顾客的反对问题中积极引导，扭转局面，最终完成销售。"

李自明说："异议看起来并不是那么糟糕嘛！"

郭先生说："很多情况下，顾客其实想要买，但是很怕作错决定，想逃避。因为一些不确定的因素让顾客犹豫不决。如果你顺着顾客的意思，很可能这笔销售就没有了。别在这种关键时刻打退堂鼓，以退为攻，让顾客的心放下，继续做激发购买欲望的工作。另外，从时间或有限数量方面可以提升顾客的购买急迫感，为顾客提供遇到问题的解决方案，再次强调卖点，往往就能够成交。"

李自明惊叹道："哦……"

发掘顾客异议后的真实意图

顾客的异议具有两面性：
既是成交障碍，也是成交信号。

郭先生说："嗯，你要明白，解决异议有一个最好的方法。"

李自明问："是什么呀？"

郭先生话锋一转却问："自明，你喜欢参加辩论赛吗？"

李自明说："上次参加演讲的时候，本来就想参加辩论赛的，可是我看同学们辩论过后有些人都反目成仇了……"

郭先生说："就因为这样你就没去参加辩论赛喽？那好，你和顾客交流，如果顾客的意见和你相悖，你会怎么办？"

李自明说："和他解释，告诉顾客产品的优点。"

郭先生说："和他解释可以有很多方式，对于推销来说，重要的是找到顾客能够接受的方式，才能达到你想要的目的。切记，千万不可与顾客争论！因为和顾客争论，输的永远是你。在与客户交流时，双方都站在自己的立场，为了谋求自己的利益，必然在一些问题上会产生分歧。关键在于分歧出现后，销售员千万不要感情用事，要冷静，切记避免与顾客争论。因为，争论于事无补，还会使顾客对你的产品更有异议。"

李自明说："与顾客争论会让顾客产生异议？"

郭先生说："这个异议是指顾客认为不应该向某个营销人员购买产品的异议。有些顾客不肯买推销产品，只是因为对某个营销人员有异议，他不喜欢这个营销人员，不愿让其接近，也排斥此营销人员的建议。但顾客肯接受自认为合适的其他营销人员。比如：'我要老王来接待'、'对不起，请贵公司另派一名营销人员来'，等等。"

李自明说："那达成推销最好的方法是同意顾客意见？可是……"

郭先生打断他的话："没有可是，让顾客陈述完自己的意见，然后先表示同意顾客的意见，承认自己在这些方面的疏忽，然后针对对方的意见提出问题，进行解决或者进行重新讨论。这样，你就可以从中抓住顾客产生异议的真正问题，在重新讨论时得出双方都比较满意的结果。接着看你的书，下一个事例。"

李自明翻页：

一位顾客拿来一瓶已开启的药，要求退药。他说，这药过去是淡黄色的，这次变成粉红色了，而且是一个厂生产的，怕是假药。销售员解释，这只是着色剂变化的原因。可男青年态度坚决，非退不可，来买药的其他人也在观望。这个问题处理不好，不仅顾客不满意，对药店声誉也有影响。

销售员想了一下，对他说，这样吧，您可以向生产厂家查询，如果药品质量有问题，我们不仅给您退货，还要加倍赔偿；如果药品质量没问题，长途话费由您负责。销售员提的方案，顾客乐意接受，而且由他亲自查询，查询结果是厂家用了不同的着色剂。疑虑解除了，男青年不好意思地付了话费，围观的人说："行，药店挺负责任。"

郭先生说："事例中，药店销售员的处理方法值得借鉴，不但没有让药店的名誉受到损失，并且突出了药店负责的形象。不管原因是什么，我们在接待来投诉的顾客时，一定要相信顾客绝不是有意找碴儿，要本着诚实、诚恳的态度，哪怕我们受了误解甚至委屈，也一定要尊重顾客。要避免与顾客争论，更不能顶撞。耐心倾听，给顾客释放不满情绪的时间和机会，这是解决问题的关键步骤。"

李自明说："有时顾客提出的问题可能很荒谬、无理啊！"

郭先生说："是的，有可能。但不管如何，销售员都千万不要和顾客争吵，不能冒犯顾客。和顾客争吵，即使你在争吵中占了上风，获得了胜利，你也是失败者，因为你无法完成销售。争吵不能说服顾客，只会让顾客气愤，再也不和你进行买卖。对于顾客的无知，你要顾全顾客的面子，尽量不让顾客难堪，否则顾客下不了台也会拂袖而去。

"在这种情况下，推销员首先应当把过错通通归结到自己身上，然后再进行耐心的解释，要保持心平气和，让顾客感到自己的冒失。"

"对销售而言，可怕的不是异议而是没有异议，不提任何意见的顾客通常是最令人头疼的顾客。因为顾客的异议具有两面性：既是成交障碍，也是成交信号。我国有一句经商格言'褒贬是买主，无声是闲人'，说的就是这个道理。有异议表明顾客对产品感兴趣，有异议意味着有成交的希望。"郭先生这段话说得语重心长。

李自明说："然后我可以通过对顾客异议的分析来了解对方的心理，知道他为何不买，从而按病施方，对症下药，而对顾客异议的满意答复，则有助于交易的成功。是这样吧？"

郭先生点点头："日本一位推销专家说得好：'从事销售活动的人可以说是与拒绝打交道的人，战胜拒绝的人，才是销售成功的人。'针对顾客过激的行为，你不要急于辩解，在顾客情绪不稳定的情况下，辩解可能会愈描愈黑。

"人类有个通病，不管自己有理没理，被别人直接反驳了，内心就会感到不痛快，甚至会被激怒。因此，客户遭到销售员的正面反驳必然会很不痛快。所以不要和客户激辩，因为不管争论结果如何，这笔交易都不可能做成。"

必备的专业知识助你完成交易

销售员要通过自己的
专业知识打动顾客，
拉近彼此的距离，完成交易。

李自明说："不要去和客户辩论，那么该讲些什么呢？对了，郭先生，你看这句话。"李自明翻开自己的笔记本，指出一句话递给郭先生。

◆专业人士不讲产品，讲理念。真正的专业人士不是为了销售提成而活，是要为了满足客户的切身利益而活的。这才叫作真正的专业。

郭先生说："是啊，没错的。推销员承担着推销商品的责任，是企业经营的专职人才。因此，推销员必须要具备推销所必备的知识。"

李自明说："客户往往相信专家，我要了解有关我们产品的知识。"

郭先生说："大体来讲，必需的知识包括以下几个方面：

"企业知识。推销员应了解自己企业的历史及在行业中的地位；企业的产品种类和服务项目；企业的价格策略、配货方式、现金折扣及保修方式等相关知识。

"商品知识。推销员要了解自己产品的性能、结构、用途、维修及服务；同时还要了解自己竞争对手的商品。你看你的事例。

"某地一些有织罗网手艺的农民联合办起织罗网厂，老于被村民投票选为厂长兼业务员。上任不久，他到天津和某橡胶厂洽谈购买罗网的相关事宜，橡胶厂方面的人员问道：'你厂能生产多大拉力的网？最高含碳量是多少？

能经得起多高的温度？'老于傻了，他对这方面的专业知识一窍不通，财路硬是给断送了。

"用户知识。推销员要了解到底谁握有购买的决定权，并了解客户的动机和购买习惯。

"有位推销员与采购经办人沟通了6个月，但一直没有达成这笔交易。后来他了解到原来采购大权在总工程师手里，而不是那位采购人员，便改变了方式，他除了继续与采购人员保持密切联系外，还积极与总工程师进行了洽谈，最终做成了交易。

"语言知识。要会说普通话，并且知道自己所在地的方言的特点。懂外语以及语法修辞、语言技巧等。语言是人类沟通的重要工具，掌握一门外语对产品成功地推销具有重要作用。

"将'碎块'一词译作英语中的'破破烂烂'，将'古老的中国名酒'译成'陈腐过时的中国名酒'，这样怎么可能成功推销？商标用得不对，会吓坏外国人。小卖部的'马戏扑克'用汉语拼音作为商标，来自英国的旅游者想买一副扑克牌玩，当他看到'Maxipuke'时，吓了一大跳。究其原因，英文里'maxi'的意思是'特大的'，'puke'的意思是'呕吐'，这个翻译着实让人接受不了——'特大的呕吐'。

"有一款北京生产的铅笔远销香港地区，出现了港商抢购的局面。其中的原因是这种铅笔用的货号是'3388'。港岛是广东同胞集居地，广东话谐音'3388'是'生生发发'，有生意上发财之意，因此带来了意外的收获。

"风俗人情。俗话说'入乡随俗'，推销员要走的地方不比世界小多少，所以了解不同地区的民俗风情很有必要，如此才能同世界各地顾客交往，更好更快地取得他们的信任。推销员活动的地域越广、接触面越广、视野越开阔，越有利于推销。"

管家把那本书翻了两页说："这里有个要求，是商场拿来举例子的。"

某汽车公司对于自己的销售人员提出了这样的要求：

比老板更了解自己的公司。

比竞争对手更了解竞争对手。

比客户更了解客户。

比汽车设计师更了解汽车。

比客户的知识面更广。

能够帮助客户投资理财。

郭先生接着说："对于销售行业来说，可以将产品销售出去的知识才有价值。面对顾客，销售员要通过自己的专业知识打动顾客，拉近彼此之间的距离，完成交易。"

客户是最好的老师

销售上遇到难以解决的问题，

不妨借助客户的力量，

因为客户是销售员最好的老师。

李自明工作的第六个月，学校正式为他们举行了毕业典礼，李自明拿着手里的学位证书，脑子里想的却是怎么把它销售出去。同学们互相勉励，说3年后在学校旁边的小餐厅里聚会。

李自明搬出了学校，住在学校附近的一个小区里。今天，他信心满满地来到单位准备开始新的工作，却没想到第一天就遇到了难题。

李自明拿着自己总结的产品销售统计，发现他经常活动的两个相邻地区，A 地区的销售业绩是 B 地区的好几倍。他很纳闷，他在纸上列举了两地区相似的特点：气候条件相差无几，对于产品的需求不会有太大差别；经济发展水平和居民消费水平大体相当，根据以往经验来看，在 A 地区畅销的产品在 B 地区应该同样畅销；A、B 两地投入的广告宣传力度相同，而且传播媒介基本一致。

随着相似点的列举，李自明发现自己遇到的问题还真不是一般地复杂，因为根本找不出自己在哪里有纰漏。他坐在办公桌前，盯着自己列举的特点，沉默良久，想打电话找郭先生求助，可是心想："这是自己产品的具体问题，郭先生也不了解自己的产品，也帮不上什么忙啊。"

他翻动着自己的笔记，忽然一句话映入眼帘：

◆你要记住顾客是销售员最好的老师！

这句话本来是郭先生下车之时随口说给他听的，当时李自明没在意，但是习惯性地记录了下来。李自明轻轻地摁了摁自己的太阳穴，一个解决问题的方法已经出现在脑海里。李自明收拾了一下自己的桌子，打开电脑开始起草一份宣传单。他写好之后，拿给技术部门的技术员按照自己的需要添加上了色彩和一些图案。李自明知道，销售就是要营造情感和情境，而自己现在做的这份宣传单也需要这样的效果。

技术员边处理边问："自明，你确定你真的要这么做？你看，你竟然说你在销售中遇到了问题，想要向顾客请教，这会不会让人觉得你很不专业？"

李自明说："不会呀，我已经在前边列举了我们产品所有详细的优点，这充分说明了我还是很专业的。不用担心我，帮我弄好，中午请你吃饭。"

技术员笑笑，接着处理宣传单，最后一段话，他还情不自禁地读了出来："……请热情的 B 地区顾客或感兴趣的朋友们为我指点迷津，发送电子邮件或在最近一周内当面赐教，无论长短，只要提出的意见有建设性，均可以获得我本人提供的精美礼品一份。"

李自明说："有什么问题吗？"

技术员说："我能不能提个问题？"李自明点头。

技术员说："算了，还是吃饭去吧，我又不是 B 地区的居民。"

这天下午，李自明将这份宣传单送去了企宣部门，让他们帮忙把这份宣传单以广告的形式在 B 地区的媒介平台刊登一下。然后李自明马不停蹄地赶到了自己在宣传中所说的顾客可以当面提出意见的地点。

其后一周的结果真是令李自明激动万分，这一周内，李自明的产品成为了 B 地区人议论最多的话题，一周里，他前前后后收到的邮件有几百封，当面来提出意见并拿走礼品的不下 300 人。随后的这一个月里，李自明在 B 地区销售的产品总量超过了他前 5 个月在这个地区销售量的总和，远远超出 A 地区这个月的销量，但是让李自明感到惊喜的是，自己在 A 地区的销量也有所提升，虽然没有 B 地区这么明显，但是因为相邻地区的辐射作用，A 地区一部分潜在顾客听闻了这次活动，也成为了真正的顾客。

李自明看着自己手里的业绩单，不知道该如何是好，因为他这个月的业绩在排行榜上前进了一大步，甚至有进入一流销售员的势头，但是他知道这种销售的高潮是因为这个月的活动，他必须充分了解客户们所提的意见，才能在 B 地区销售稳定。随后，他在自己所负责的几个区域内同时采用了这种方式，他的业绩在第六个月内突飞猛进，但是很少有人意识到这个问题，因为公司内部是没有公开的业绩排行榜，也很少有人会自己收集到每个销售员的销售业绩资料来制作排行榜。一直到这个月底的一次培训会议上，销售主管嘉奖了李自明，李自明这个月的业绩让众人大为吃惊。

这天，李兴正坐在自己的办公室里喝咖啡，他收到销售主管送来的一份业绩报告，当看到李自明这个月的销售业绩时，脸上也露出了惊讶的神色，紧接着哈哈大笑，给一个人拨出了电话："喂，老郭呀，我说自明不愧是你的学生，他这个月的销售业绩增长得都让我感到惊讶了！"

善于总结，多作归纳

注意总结自己的经验，整理出一套属于自己的系统的销售方法。

自从上次的培训会议后，公司所有人看李自明的眼神都很奇怪，李自明每次来到公司都觉得全身被人盯得发毛，于是他只好尽量每天少在公司，多出去跑业务。李自明现在已经喜欢上了销售生活，他发现去寻找销售技巧，然后促成销售业绩增长，是一件很让自己愉悦的事情。

最近3个月，李自明把自己最初在郭先生那里学到的东西运用得滚瓜烂熟。这天他带了些郭先生喜欢吃的小点心骑上自行车准备去看望郭先生。经过学校的时候，李自明遇到了陪伴自己走过演讲时光的舍友，这位舍友在准备考研，他开口就问："自明，我听说你的收入已经快要年薪10万了，怎么还骑着这辆自行车？"

李自明被这么一问，脑子一片空白，平日里和顾客侃侃而谈、温文尔雅的能力好像消失不见了："啊？我还有事，先走了，回来请你吃饭……"说完，他骑上自行车飞快地溜走了。

到了郭先生家，李自明按响门铃，管家面带笑意地来开门说："这个时间，郭先生和我就知道是你来了，好久不见啊！自明。"

李自明哈哈一笑，送给管家一支新买的钢笔："管家大叔，送你的。"两个人进了屋，李自明看到两个人坐在客厅里下象棋，一个是自己的导师郭先生，另一个是自己的老板李兴先生。

李自明心里犯着嘀咕，还是保持着自然的微笑："郭先生好，老板也在啊。"

179

4 个人坐下，有李先生在这里，谈话的主题全部围绕李自明最近一年来的业绩展开了。

李先生说："老郭，你这学生真的不错。这一年来，他的业绩增长是当时所有招聘来的销售员里最多的一个。"

郭先生笑着，没有搭理李先生的话，问李自明："自明，很久不来了，今天来不会又是有什么问题吧？"

李自明把手里提着的点心放在桌子上打开，郭先生看到后很开心地说："都是我爱吃的点心，哈哈，老李，你可是没这口福喽。"

李自明笑着说："哎，老师，我这次来是有问题要问你的。如果你不能帮我解决问题，那这点心我还要带走的哟。"众人都笑了，李自明接着说，"李先生也在这里，我就直说了，虽然9个月来我的业绩一直在增长，尤其是中后期增长很快，但是我不知道下一步该怎么做了。"

郭先生说："你的成长真的是很快，从我开始教授你们的这个课程到现在，你的成长真的很快。给我一个泡芙，我送你一句话，怎么样？"

李自明递给郭先生一个泡芙，郭先生完整地剥下这个泡芙的包装纸，吃掉了泡芙，然后从口袋里拿出一支新钢笔，写下一句话：

◆总结经验，打造自己的销售之道！你能成功，你会成功，一起来吃泡芙吧！

郭先生说："之前的那些经验是我教给你的，但是，如果你要想成为一个一流的销售员，你要学会自己总结经验，然后从经验里得出技巧，不断积累自己的销售才能，最终你会成功的。"

李自明若有所思："不系统的东西就没有科学性，我如果注意总结自己的经验，就可以弄出一套属于自己的系统的方法。"

郭先生说："对了，给你举个例子。在世界的各个角落，我们都会看到一个老人的笑脸，花白的胡须、白色的西装、黑色的眼镜，永远都是这个打扮。就是这个笑容，恐怕是世界上最著名、最昂贵的笑容了，我想你也见过这个著名快餐连锁店的招牌和标志。这个快餐店有'高价餐厅'和'平价餐厅'的区分，所有优惠券上印制的'原价'都是'平价餐厅'的价格，'高价餐厅'各项单品的售价都要高出'原价'10%左右。在全球 100 多个国家和地区拥有超过 3.3 万家连锁店和 84 万名员工，分别在烹鸡、比萨、墨西哥风味食品及海鲜餐饮领域名列全球第一。"

李自明说："我知道是哪个品牌了，但是这个和我所说的系统性有关系吗?"

郭先生说："这个连锁店研究出最适合它的经营模式之后，采用了一种策略——复制！以其统一标志、统一服装、统一配送方式的全新连锁方式迅速占领了市场。"

李自明说："研究出自己的系统发展战略以后，要做的就是复制！原来是这样啊，老师，你又回答了我一个问题，泡芙是你的了。"

李自明翻开自己的笔记本，飞快地做着记录，这个习惯已经成为他的一种本能。

站在顾客的角度销售产品

站在顾客的角度介绍产品，
让他们觉得
我是在帮助他们满足需求！

李自明坐在自己的屋子里整理自己最近收集到的资料，他一直保持着从顾客那里收获知识的习惯，这对他来说很有帮助。他现在每天都在整理自己的收获，他想要尽快整理出自己有效的系统的经验，然后快速复制自己的成功。但是，他发现这不能一蹴而就。

自从上次见过郭先生以后，又过去两个月了，工作就要一年了，李自明他们这一批新员工也已经成为公司里的老员工，这年的年终有一个新员工第一年年终评奖，李自明想让自己拿到这个奖项。他现在每个月的业绩又稳定了下来，这两个月基本持平。但是他今天从自己所有的收获里总结出一条自己的销售经验，表述如下：

◆站在顾客的角度介绍产品，让他们觉得我是在帮助他们满足需求！少允诺，多提供。

第二天，李自明想把这个理论投入到自己的工作中完善一下："成交后，怎样才能让顾客一直高兴，让他再买呢？"李自明把这句话写在自己面前的纸上，希望自己总结出来的经验能够解决这个问题。他带着自己的经验来到了公司，发现自己的桌子上放着两箱东西。

他走过去，发现桌子上贴着一张纸条："自明，这些圆珠笔是最近公司经销商赠送的礼品，你查收一下。当然，如果你可以把它们销售出去，算你的外快。这是李先生亲自说的。"

李自明倚在桌子边，看完这张纸条，心想："咦，这是个机会。我试试我的经验吧！"

李自明抱着桌子上的两大箱圆珠笔走出了公司。他边走边想："我应该卖给谁呢？对了，上次那个批发商，我好像留着电话呢。"

李自明拨通了一个客户的电话："喂，您好，我是李自明……对对，是我。是这样的，我刚接到大批为节日准备的货品，有些多余的圆珠笔，您能不能帮我代销一下……您可帮了我大忙，我把您的名字印上去，价格好商量！"李自明回到公司，让技术部门在笔身印上了老板的地址和联系方式，出门打车朝这个百货批发商的店面出发。

见面之后老板问："是很好的圆珠笔吗？"

李自明说："还行吧，是一些赠品，所以售价非常便宜。不过我要告诉你的是，它们确实是圆珠笔，能够写字，你自己看吧。无论什么笔都不可能改变你的生活方式。人们都会随身带圆珠笔，那为什么不在上面印上你的名字呢？"

老板打开货品后，发现圆珠笔质量很不错，上面还醒目地印着他的名字和联系方式，说："哇，这些东西还不错。这样吧，自明，你也别让我给你代销了，我现在按成本价收购了你这两箱圆珠笔，你看可以吗？"

李自明说："好啊，这样子我多划算啊！"老板很开心地付给李自明成本价，李自明看都没看便揣进了兜里。

老板问："自明，你们公司还有这样的赠品吗？以后你可以都往我这边拿，你上次给我介绍的产品不错，我觉得我需要一件。"

李自明说："有的，上次我给你介绍的产品，你看……"李自明接着给老板重新叙述了一下自己产品的特点，但是他这次转换了自己的角度，"相对于那一款产品来说，你更需要的是这样的一款。"

老板说："对，对，我一直都在想有什么东西可以让我不再为这件事发愁呢，这下总算找到了。你什么时候能把这款产品带过来？"

李自明听到这句话，夺门而出，老板追出来问："自明，你去干吗？这么急。"

李自明没吱声，打了辆车就往公司赶，他要营造情感和情境相结合的销售，半个小时后，他气喘吁吁地带着老板要的那款产品回来了。老板看到李自明的样子，说："你那么急匆匆，就是给我拿产品去了！"李自明笑着摆摆手，坐到凳子上喘气。

李自明从兜里掏出纸条写道："今天我还真赚到外快了，还多了一个固定客户。经验的力量……"

晚上在整理资料的时候，李自明假想如果自己刚开始向老板这样说："这是很棒的圆珠笔！你会爱不释手，它将改变你的经商方式！"老板会怎么想呢？

接着他在自己的本子上写道："相当多的人只是一味地销售，但是因为他们言过其实的承诺，而没有提供足够的产品，他们失去了顾客，或者至少失去了再次销售的机会。少承诺，多提供，这将可以让顾客对你产生信任感，增加再次销售成功的概率！"

将异议转化为成交

客户提出异议，
表明他对产品有兴趣，
销售员要正确处理异议，
将异议转为成交的机会。

李自明站在街头，手里拿着一张卡片，右手提着一袋泡芙，边走边吃。他最近总结了一套自己处理客户异议的法则，他今天的成功销售验证了他的法则确实很有效果。他现在就打算边吃着自己的泡芙，边重新温习一下自己的法则。

"咦？我的泡芙哪里去了？"李自明坐在街边的椅子上，泡芙放在自己的右手边，可是他感觉自己吃了一半的时候，竟然摸不到泡芙了。他转过头看到一个中年人坐在自己的右手边，正准备剥开一个泡芙。

"郭先生，您怎么在这里？"李自明惊喜地问。

郭先生没理他，吃着手里的泡芙。李自明很纳闷，连声叫道："老师？郭先生？"

郭先生说："自己学会吃泡芙了，就不知道来看我了啊。已经快3个月没来见我了吧。"

李自明哈哈大笑，递给老师一张卡片："老师，您帮我看看这套方案还有没有什么纰漏？我已经实践检验过了，但是不知道是运用起来不熟悉还是什么原因，有一部分人还是会拒绝我。"

郭先生接过李自明递来的卡片，卡片上写着这样一些内容：

"面对推销，客户一般不会无缘无故地提出反对意见，如果客户对某一推销品无动于衷，毫无兴趣，他是不会提出任何异议的，除了无条件拒绝。客户提出异议，如果带有目的性，表明他对推销的产品有了兴趣。

"在处理异议时自己注意以下几点：

"保持微笑，熟悉业务。不可动怒，以笑脸相迎，并了解反对意见的内容或要点。为了可以充分面对出现异议的情况，必须对商品、公司政策、市场及竞争者有深刻的认识，这些是控制异议的必备条件。

"站在客户的角度想。明白他的观点，了解顾客考虑问题的方法和对产品的感觉。

"认真倾听客户的意见。听到客户提出异议，应表示欢迎，面部略带微笑，认真倾听客户的意见，千万不可加以干扰。必须承认客户的意见，以示对其的尊重，那么，当你提出相反意见时，客户自然也会较易接纳你的提议。

"回答时应注意语速、口吻，适当引用材料解答客户的疑问。将有关事实、数据、资料或证明告知给客户。假如不能解答，不可狡辩。

"给客户'面子'。无论客户的意见对错，都不能轻视，以免使客户感觉到没'面子'，使交易无法继续下去。"

郭先生点点头："自明，总结得不错。可是你这里边只有怎么做，没有具体的程序去解决客户的异议呀。"

李自明一个激灵："啊，对，对。我现在要总结的就是这个程序，老师，您那儿有没有现成的？"

郭先生说："没有，但是我可以口述给你，你有没有带笔记本？"

李自明迅速掏出郭先生输给他的那支钢笔，还有另外新买的笔记本。

郭先生说道："业务员要想有效解决客户异议，除了要按照你自己总结的方法去做之外，有一个大概的程序是这样的，我讲给你听，仅供参考，我想你也知道在与人交流的销售过程中，最重要的是随机应变。"

郭先生接着说：

"认真倾听客户的异议；

"复述梳理客户的异议；

"停顿下来思考一会儿；

"分析客户的心理；

"运用资料回答客户的异议；

"收集整理和保存客户的异议。"

李自明说："对对，就是这些，太好了。"

郭先生说："还应避免的一个问题，就是在解答客户异议的过程中不要重复提起顾客提到的异议。这样做会夸大问题的严重性，容易在客户脑子里产生顾虑。"

李自明说："具体的方法，郭先生也教教我呗。"

郭先生说："哎，你真是贪得无厌呀。我只有成交的方法，没有解决异议的方法。"

李自明说："我更喜欢成交啊!"

多为成交找方法

成交的方法有很多，但要注意在合适的时机选择适合顾客的成交方法。

郭先生说："有很多成交方法，其中一种叫作选择成交法，也称有效选择成交法，是指推销人员为顾客设计出一个有效成交的选择范围，使顾客只在有效成交范围内进行成交方案选择的一种成交技术。销售人员所提供的选项应让客户从中作出一种肯定的回答，而不要给客户拒绝的机会。向客户提出选择时，尽量避免向客户提出太多的方案，最好的方案就是两项，最多不要超过 3 项，否则你不能够达到尽快成交的目的。这种成交法既可以减轻顾客的心理压力，创造良好的成交气氛，又有利于你掌握主动权。

"第二种是假设成交法。假设成交法是推销人员假定顾客已决定购买商品，又称'假定成交法'，是推销员展开推销的一种成交法。这种成交法可以将会谈直接带入实质性阶段。通过逐步深入的提问，提高顾客的思维效率，并且它使顾客不得不作出反应，可以节约推销时间，提高推销效率；把顾客的成交信号直接转化成成交行动，促成交易的最终实现。但是运用不当可能导致成交压力、破坏气氛，不利于进一步处理顾客异议，可能会让推销员丧失成交的主动权。假设成交法的关键在于分析顾客，对于那些依赖性强的顾客、性格比较随和的顾客以及一些老顾客可以采用这种方法。另外，必须发现成交信号，确信顾客有购买意向，才能使用这种方法。要注意尽量使用自然、温和的语言，创造一个轻松的推销气氛。"

李自明不停地记录，郭先生停了一下："你跟得上吗?"

李自明说："速写速记，我早就上过培训班了。请继续，老师。"

郭先生笑着说："第三个叫作体验成交法，是推销人员为了让顾客加深对产品的了解、增强顾客对产品的信心而采取的试用或者模拟体验的一种成交方法。当推销人员和顾客商讨完有关产品、服务保障和交易条件后，为了促成交易，就需要在可能的条件下用形象化的手段直观地展示推销产品。譬如用计算机给顾客演示产品的多媒体效果图和有关公司的发展理念、服务网络、文化等方面的情况，以进一步增强用户信心。

"体验成交法能给顾客留下非常深刻的直观印象，譬如，汽车销售中的顾客试驾。但是使用这种成交方法必须要做好充分的准备，并对产品中存在的不足要有清晰的认识，并安排好应对策略。否则，顾客试用的时候很容易发现产品存在的不足而导致促销失败。"

"第四种，是富兰克林成交法。据说富兰克林做一件事情的时候有这样一种习惯，取出一张纸，拿笔在上面画一条线，左边写上作这个决定的好处，右边写上作这个决定的坏处。应用这种方法，也可以在销售上达到很好的效果。这种销售方法就是鼓励潜在客户去考虑事情的正、反面，突出购买是正确选择。当顾客犹豫不决时，你拿出一张纸，将购买产品的优点写在左边，将不买这种产品的缺点写在右边，然后让顾客一一分析优缺点。你就在一旁帮助顾客记忆优点，至于缺点就由顾客自理了。"

郭先生说完这个成交法喝了口水，说："差不多了，其他的你自己去找，书籍也好，网络也好，都有人分享这些方法，而且这些方法的运用才是关键。"

饭后，李自明和郭先生告别，李自明回家整理了一下今天的收获。一个完整的销售过程出现在了他的脑海里，他迅速写出了最有效的5步销售法：

联系决策者。千万不要浪费时间去联系无权拍板作决定的人，必须直接去找有权签发支票的人。

事前做好准备。与人寒暄时，要常常面带笑容，说话积极主动。如果是与决策人见面，一定要打听清楚，确保决策人心情舒畅并且有时间倾听你说话。

全力以赴做销售。销售语言要尽可能地简明扼要。这样，顾客就会确信你对售销的商品了如指掌。千万不要吞吞吐吐，说话前一定要深思熟虑。

成交。即使还没有成交，也要期待着它能做成。

降温。千万不要销售成功就立即走人，要为下次销售作好铺垫。一定要让顾客感受到，你非常珍视与他们的交易。

复制自己的成交模式

要成为一个一流的销售员，就要复制自己的成交模式。

李自明站在讲台上，抱着自己的奖牌，愣愣地走神儿。李兴上台讲话，过来和几个得奖的优秀员工握手。李先生走到李自明面前，李自明还没回过神儿来，李先生轻声喊他的名字："李自明，你想什么呢?"

李自明眨巴眨巴眼睛，看到李先生在自己面前，说："李董，抱歉，刚才走神了，昨天晚上太激动了，没有休息好。"然后两人轻轻握了一下手。

这一年就这样过去了。李自明骑着自行车，车筐里放着自己的奖牌，他看着身边的街道，都是他平时寻找潜在客户的地方。路边不少店面的老板和他打招呼，他微笑着回应所有人。

李自明一路信马由缰式地骑着车子，不由自主地停在了一栋熟悉的别墅门前。李自明摁响门铃，不一会儿，管家从客厅里开门出来了。管家看到是李自明，加快脚步来开门："自明啊，快进来吧。"

李自明和管家进屋，郭先生一如既往地坐在沙发上，李自明把自己的奖牌递给郭先生，郭先生说："最佳年终新人奖，哎，时间真是快呀，一年又过去了。"

李自明说："老师，那明年我该做的就是复制自己的成交模式，成为一个一流的销售员了吧?"

郭先生看着眼前自己的学生，他从一个未经世事的青年一年内快速成长为一流的销售人员，很欣慰地说："嗯，是啊。"

青春感悟

◆销售中的尽力而为与真正做到有极大区别并体现在结果上！

◆成功的销售员，随时准备成交！

◆情境和情感一旦结合，就会变成威力强大的销售工具！

◆专业人士不讲产品，讲理念。真正的专业人士不是为了销售提成而活，是要为了满足客户的切身利益而活的。这才叫作真正的专业。

◆你要记住顾客是销售员最好的老师！

◆总结经验，打造自己的销售之道！你能成功，你会成功，一起来吃泡芙吧！

◆站在顾客的角度介绍产品，让他们觉得你是在帮助他们满足需求！少允诺，多提供。

◆认真倾听客户的异议；

复述梳理客户的异议；

停顿下来思考一会儿；

分析客户的心理；

运用资料回答客户的异议；

收集整理和保存客户的异议。

Part 07

真诚地对待朋友，需要奋不顾身的心胸

单丝不成线，独木不成林。一个人单打独斗最多成为孤胆英雄，却也孤立无援，难以做成大事。众人拾柴火焰高，成大事者离不开良师益友的帮助和支持。想要营造良好的人际关系就要真诚地对待朋友，有时甚至需要一种奋不顾身的勇气与博大的胸怀。

巧借东风，飞得更高

完全依靠自己的能力走向成功是很艰难的，我们要学会借助他人的帮助。

一位服务员端上客人点的菜，听到一个客人感慨："这3年过得真是够快的，不过变化还真大，这个原来的小餐馆现在已经有这么大的规模了。"

另外一位客人说："自明，你这3年发展得不错啊。"

没错，现在在酒店包间里的正是李自明班级的同学们。3年一晃而过，包括李自明在内，所有的人都成长了。

李自明说："大家发展得都很不错啊，今天大家就别谈事业上的事情了，好好玩玩，放松一下吧。"

一个中年人的声音从门外传过来："自明，这可不像是你的风格呀！"

众人看到进门的郭先生都很高兴，大部分离开本市的学生都已经和郭先生阔别3年了。郭先生的话让李自明全身一震，李自明笑得有些苦："郭先生，您又说笑了。"

郭先生说："自明，你今天的状态不对劲。3年前，我记得班级里你是最不会悲观的一个人，现在怎么笑起来这么苦？怎么说你现在的身价也快到百万富翁了吧。"

李自明独自喝了口酒，叹口气说："我公司里不少当时没有我业绩好的人已经走到我前边去了。我一直在寻求突破，3年来，之前所有的经验复制、再复制，创新、再创新，终究还是遇到了瓶颈。我3年前是成为了一流的销售员，可是别人逐渐在进步，只有我好像在原地踏步。"

一位女士开口说话："你就在郭先生身边，你有什么问题先生难道不能帮你吗？"李自明抬头看看自己的同学，她就是那个被管家蒙上眼睛蹲在地上的女孩。

李自明说："哎，你在哪儿工作？"

女士回答说："我们当地的媒体。"

李自明的脑子里好像抓住了一种新的灵感，3年来，他苦苦寻求的突破好像就要来临，他冲着郭先生抱怨道："郭先生一直对我关照有加，但是这3年来他一直说还不到时候。"

李自明又接着问一个同学："你在做什么工作？"

同学回答说："一个广告公司的执行主管。"

李自明脑子里的灵感再次闪过，像一条汇合了几条小溪的河流开始涨潮，李自明忽然笑出声来："哈哈，太妙了。我明白了，郭先生，我明白了。"

郭先生说："看来时机成熟了呀。"众人一头雾水，李自明在那里一扫阴霾，好像换了一个人，这样开心的他才是他本来的样子。

服务生把菜上齐，除了李自明和郭先生，没人动筷子。班长说："自明，你明白了，大家都纳闷儿了，怎么回事？"

李自明笑道："我明白郭先生说的不到时候是什么意思了，我一直以来都只想着靠自己的能力去做一个一流的销售员，却忘记了你们。我不是一个人在奋斗啊！我最初在学校学到的第一条知识就是借助朋友的力量，可是我现在竟然忘记了。"

大家越听越糊涂，郭先生说："是这样的，你们毕业的第一年，自明进步很快。我担心他心浮气躁，禁不住风浪，然而他第一年拿到了公司的年终最佳新人奖。后来的两年，我一直想让他打开发展的局限，去挖掘人力资源，可是他一直没有走出来。所以他这两年无论怎么努力，都不能和那些最顶尖的一流销售员缩短差距。他一直很苦恼。现在，他明白了。"

郭先生接着说："一个人的力量能有多大？在现代社会的竞争中，完全依靠自己的能力走向成功是很艰难的。与此相反，我们要学会寻求友人的帮助。友人相助，你的事业可以扶摇直上。在所谓的销售网络中，最顶尖的销售员做销售不是靠自己，而是靠团队，靠客户，靠朋友。"

李自明招呼大家夹菜，边吃边笑："哈哈哈，我真是笨得可以，自己有这么多优秀的朋友，却不懂得挖掘，白白浪费了两年的时间。"

郭先生说："你没有浪费，这两年来，你的基础已经夯实，可以毫无后顾之忧地向上发展。你难道没有发现你距离你的目标已经越来越近了吗？"

众人分别 3 年，这一顿饭吃得很开心。最开心的不是李自明，而是郭先生，看着自己这么多优秀的学生，身为导师的他不由得感到自豪。

朋友会给你力量

朋友，可以把快乐加倍，
把悲伤减半。
——西塞罗

这天晚上，李自明坐在自己的电脑前整理资料，他的桌子上放着一张聚会的合影，还有很多名片，他把这些名片资料扫描进电脑存储，他发现原来迷茫的道路已经初现光明。

李自明把自己的销售计划制订为："借助朋友的力量打开更大的销售市场。"

李自明翻阅着名片，一张一张夹在自己笔记本每一页的名片夹里，最后他拿到手里的不是一张名片，而是一张硬纸，上面写着一句话：

◆虽然不断结识新的人，你的人际资源就会变成宽广的海洋，海洋里有取之不尽、用之不竭的新鲜资源，但是不懂得挖掘，你就不会成功。

　　落款处印着几个字："郭先生的'大富翁'卡片"。

　　翌日，阳光明媚，李自明展开了多日紧锁的眉头，他的早晨好久没有像今天这么明媚了，虽然他不知道自己具体该怎么做，但是他知道自己会比之前更好。

　　来到公司，李自明笑着向每个人打招呼，大家礼貌地回应，忽然另一个销售员叫住李自明："自明，一会儿有一个销售会议，记得来开。"李自明点点头。

　　来到会议室，销售主管说："我们打算新开辟一块市场，这个市场我们目前收集到了资料，但是因为公司没有在这个市场上做过任何投资，所以去这个市场，公司只能提供你物质上的援助，市场的开辟和客户的资源都要靠自己从头开始积累。这个市场很有发展前景，公司希望有人可以自愿去做先锋，当然，因为顾及公司业绩，你现在手里的市场就要换别人负责。"

　　本来跃跃欲试的有很多人，但听到这句话顿时像被浇了冷水，都不再有动作。销售主管冷静地站在会议室的讲台上，看着在座的销售员。忽然一个人站起身说道："这个先锋，我来做！"

　　李自明站在众人的目光里，但是他已经完全沉浸在自己的激动里，虽然他要放弃现在开辟好的市场，但是新开辟的这块市场的前景完全是他现有市场的数十倍，主要是他在这个市场并不是一无所有。

　　销售主管说："好，自明，一会儿你来一趟办公室。"

　　下班之后，李自明很激动，虽然公司在这周就要派遣他去开辟新市场，但是他没有一丝犹豫，他现在除了兴奋还是兴奋，他似乎觉得幸运之神就站在自己的肩膀上。他挥手叫了一辆车就朝郭先生家去了。

　　他已经是这里的常客，郭先生的别墅好像是他的第二个家。这时候，李自明和郭先生一同坐在客厅里，李自明激动地向郭先生说着自己将要被派去开辟市场的事情。

郭先生问："你为什么这么快做了决定？"

李自明拿出一张名片："这是静香的名片，就是那个被蒙上眼睛的女孩子，我现在要去开辟的市场恰巧就是她的老家。她现在在当地的媒体工作，我去开辟这个市场，我觉得以我的能力再加上她的帮助，会有很好的发展前景。"

郭先生笑了，笑得很开心。李自明话锋忽然一转："学生要远行，做老师的不好好给我上一课吗？老师已经很久没给我上课了吧？"

郭先生喝了口茶说："我今天还给学生上课来着，还是你们学校的，今年也要毕业了。不过自明啊，我是该给你上一课了，很久没有和你好好聊聊了。"

时光好像回到了 3 年前，李自明拿着自己手里的笔记本安静地听老师讲课。

郭先生说："我想你现在应该了解到，对于一个销售员来说人力资源有多么重要了。朋友本身就是你的客户，你的朋友也认识很多的朋友，当朋友为你介绍更多新的朋友，你就会认识更多新的顾客。"

让名片变得更有价值

好的名片本身会说话，
它会推销你、产品和公司形象。

李自明翻看了一下自己记录的笔记，问道："郭先生，如果我想在一些聚会上认识一些人，我该怎么办呢？"

郭先生说："在一些聚会上，认识一些业内的高层人士是很好的方法。但是你要如何认识这些人士呢？"郭先生嘿嘿地笑，等着李自明自己回答。

李自明说："难道我已经掌握了这种方法？呃，是什么呢？"李自明把名片拿在手里把玩，"呃，难道是名片？"

郭先生说："是啊，不就是名片吗？可能你并没有在意，这么一张写有名字的卡片，它可以帮你结交新的朋友，向别人介绍自己、让别人了解自己，可以打破交际冷场的重要工具。"

李自明说："可是平时大家都是互相赠送名片，这就是一种普通的习惯，并没有太大的作用啊。"

郭先生说："我问你几个问题，除了最近你同学的名片，其他的名片你有整理注意过吗？你递给别人名片的方式能引起对方注意吗？你的名片能够表明你的职业吗？你的名片符合你的风格吗？"

李自明哑口无言。

郭先生接着说："你根本没有重视这个问题。在日常交往的场合，你很难有机会和在场的人士逐一交流，通常握一下手或者进行简单的交流，这样怎么能让对方记得你的联系方式呢？这个时候名片就扮演着非常重要的角色，它可以起到桥梁的作用，帮你打开与人沟通的大门。在陌生场合，与人初次见面只知道询问对方名字的话，你接下来的话题就无从切入。你如果与对方互换了名片，你就可以提出很多有价值的问题来了解对方。而且，如果你在下次见面能够一眼认出对方，并且准确地叫出对方的名字，对方就会觉得你很尊重他。"

"我给你举个例子，有一个成功的销售员在与对方交换名片之后，会简略地把彼此见面的地点、情形以及对方的特征、个性等速记在名片上。

"就像这样写：'A 和我在某个聚会上认识'、'B 身材窈窕，皮肤很好'、'C 像我的朋友某某'、'D 是某部长的秘书，她喜欢吃辣'……无论是从官员、销售员、记者，都被他用笔写上了对方的特征和个性。"

李自明的眼睛里闪烁着光芒，他笑道："真是个好办法，我可以借鉴！"

郭先生说："这个方法我也有借鉴，并且我一般连对方的个性特点都记下，以便第二次遇见可以有心理准备，记下来就不会弄错了。"

李自明说："然后每次见面更新自己手里的资料，保证自己的记录准确，经常翻阅查看以保证自己的记忆。太妙了，太妙了。"

郭先生说："嗯，这些琐碎的记录让这个销售员受益匪浅。很久之后，在不同的场合相遇，他也能轻易想起和他见过面的人的名字。这个小的细节让对方觉得他很尊重自己，话题聊起来会更加深入了。"

郭先生递给李自明一张名片说："你看看这张名片。"

李自明说："好像是照片，咦？照相馆的名片。"

郭先生说："这就是一张设计得很好的名片，用的纸很像照片，背面印有'富士底片'的字样，当你拿到这张名片时，你很自然地就产生了联想，印象怎么样？"

李自明说："深刻！这符合他工作的性质和特点呀。"

郭先生说："注意名片的设计和内容。好的名片本身会说话，它会推销你、产品和公司形象。"

李自明说："之前我竟然没有注意过这些细节，这些细节真的很重要。我的名片真是毫无特点可言。"

郭先生说："不过你很注意礼貌，你可以让名片变得更有价值，关键就在于你递名片的方式和接下来的互动，你递名片时给了对方什么感觉令对方感觉很有职业素养？假设你默不作声地递出自己的名片，会让人家感觉你没有自信。你可以自己去摸索，随机应变才是不二法门，我说过很多次了吧。"

李自明点点头，把手里的名片还给郭先生，自己写下来一句话：

◆名片很有人情味，当你收到一张名片时应该有这样的感觉：我认识这个人了，并且对他会有一个第一印象。

以信誉求生存　| 信誉只可积累，
　　　　　　　　| 不可透支！

郭先生问道："自明，你知道真诚是与人交流的前提。那么真诚最终给你带来的是什么效果呢？"

李自明说："呃，好的人际资源、好的销售业绩吧。"

郭先生说："没说到点子上，是名誉！几乎每个伟大的销售员都有着很好的名誉，而且积累名誉是你去挖掘更多更广的资源的前提。"

李自明边思考，边嘟囔着说："积累名誉吗？"

郭先生说："没错，名誉的产生是一个积累的过程。而且每个公司都非常重视！通用电气的 CEO 兼董事会主席杰弗里·伊梅尔特在公司年报致辞里直截了当地说道：'每年我们都会花费数十亿元来提高培训质量、加强职业道德规范，以及发展企业价值观。这么做都是为了保持企业文化，以及保护我们最宝贵的资产——公司名誉。'沃伦·巴菲特接手当时正遭遇证券违规操作危机而面临倒闭的所罗门兄弟公司时，亲自到美国国会为手下雇员的越轨行为道歉，并在公司内部进行了严厉的整顿。他对员工说：'如果你们让公司损失了金钱，我可以表示理解。但哪怕你让公司损失了一点点名誉，我都会毫不留情。'巴菲特觉得自己的名誉远比金钱要重要！"

李自明说："老师，我知道名誉的重要性。但是我第一次听说名誉积累的问题。"

郭先生说："你记下来一句话。"

李自明在本子上写下来一句话：

◆信誉只可积累，不可透支！

郭先生说："作为一名开辟新市场的销售员，你必须懂得积累自己的名誉。真诚与人相交是前提。在开辟市场之初，你的服务只局限于少数顾客，你保证了自己的产品质量、服务态度，你的顾客不会无动于衷的。当市场打开之后，你需要更多的客户，你就需要挖掘潜在客户，这个时候如果存在竞争对手，那么你的信誉度会给你带来很强的竞争力，可以帮助你在长期竞争中得到大的回报。"

李自明递给郭先生一杯水，郭先生端在手里："有一个人开商店，每天顾客不多，赚的钱刚够一家人花销。有一天，他让儿子把家里一匹得了眼病的马卖掉。儿子牵着马来到集市上，不久就把马卖掉了，便拿着钱兴冲冲地回家了，这位老板见儿子这么快就卖掉了马，便问："你告诉人家那匹马有眼病了吗?"儿子小声回答说"没有"，老板很生气，骂了儿子一顿后，拉着儿子回到集市去找那个买马的人，把真实的情况跟买马人说明，还声明：如果现在不肯买这匹马，可以把钱退还给他。那人听了非常感动，重新商量价钱之后还是把马买走了。这件事在村子里传开了，他的商店顿时出了名，大家都觉得他的东西质量靠得住。从此以后，他的小商店生意变得很红火。另外一个老板过来打听他的经营策略，这个老板说："勿以善小而不为，勿以恶小而为之。我儿子欺骗别人，虽然可以获得一时的实惠，却险些丢掉了一家人的名誉。我宁可少赚一些钱，也要维护自己的名誉。结果，我没想到这一举动竟然让自己的商店生意好起来了，如果我因为当时贪财而丢掉了自己的名声，那就真的得不偿失了。'"

郭先生又说道："你要想打开成功的黄金大门，每时每刻都要保持真诚，积累信誉。'千里之堤溃于蚁穴'的道理，不是每个人都懂得。"

让顾客和你产生共鸣

站在顾客的立场上为顾客提出建议，然后让他接受你的建议，和你产生共鸣。

李自明问道："怎么样才能与别人很好地合作呢? 要知道，每个人都有自己的经营理念、不同的想法。虽然说有共同的利益就可以合作，但是，如果合作双方的想法不同，这种合作并不稳定。"

郭先生说："你认为稳定的合作关系是什么样的?"

李自明说："除了双赢的利益之外，如果想法相同，或者可以沟通想法，就可以建立比较稳定的合作关系吧。"

郭先生说："换句话说，就是让别人同意你的想法呗。想法相同了，就稳定下来了。"

李自明说："可以这么说。"

郭先生说："你刚才的说法有问题，你说除了双赢以外，还要想法相同。只有双方看到了共同的利益，并为了赢利而共同努力，才能做到双赢。你不要把因果搞反了，来看一个具体的例子吧！"

"费城电气公司的一位销售代表前往宾夕法尼亚一个富庶的农场区作访问。

"他经过一户整洁的农家时，问该区的销售员：'这些人为什么不爱用电？'那位销售员很烦恼地说：'他们都是些守财奴，你绝不可能卖给他们任何东西。而且他们对电气公司很讨厌，我已经跟他们谈过，毫无希望。'现在我们要做的是什么工作呢？"郭先生问道。

李自明说："按照您的意见，我们要做的就是让这些农家看到利益，让他们同意我们的想法。"

郭先生说："我们来看看这位销售代表是怎么做的。这位销售代表相信那位销售员所讲是事实，可是他愿意再尝试一次。他轻敲这户农家的门，门开了个小缝，年老的特根保太太探头出来看来人是谁。

"这位太太看到是电气公司的代表，很快地把门关上。他又上前敲门，她再度把门打开，这次她说：'你们不要再来了。'

"销售代表对她说：'特根保太太，我很抱歉打扰您了。我不是来向您推销电气的，我只是想买些鸡蛋。'

"特根保太太把门开得大了些，探出头来怀疑地望着两个销售员。

"代表说：'我看你养的都是多敏尼克鸡，所以我想买一打新鲜的鸡蛋。'

"特根保太太把门又打开了些，说：'你怎么知道我养的是多敏尼克鸡？'

她好奇起来。

"这个代表说：'我自己也养鸡，可是从没有见到过比这里更好的多敏尼克鸡。'

"这位特根保太太怀疑地问：'那么你为什么不用你自己的鸡蛋？'

"代表回答她说：'因为我养的是来亨鸡，下的是白蛋。您自然知道做蛋糕时，白鸡蛋不如棕色的好。我太太对她做蛋糕的材料总是很挑剔。'

"这时，特根保太太才放心地走了出来，态度也温和了许多。接着这个代表看到院子里有座很好的奶牛棚，说：'特根保太太，我可以打赌，您养鸡赚来的钱比您那座奶牛棚赚的钱多。'

"她听得高兴极了，她很高兴地对代表讲到这点，因为奶牛棚是丈夫的。

"她请两位销售员去参观她的鸡舍，在参观的时候，代表真诚地称赞她养鸡的技术，还找了很多问题问她，并且请她指教。同时，他们交换了很多经验。

"这位特根保太太突然谈到另外一件事上，她说几位邻居在他们的鸡舍里装了电灯，据他们表示有很好的效果。她征求代表的意见，如果她用电的话，是不是划得来。"

李自明说："哎，成交了！"

郭先生说："两星期后，在特根保太太的鸡舍里，多敏尼克鸡就在电灯的光亮下跳着叫着了。销售代表逢人就夸：'特根保太太真聪明，找到了提高鸡蛋产量的方法！'他只字没提是自己为这位太太提供的电灯。代表说是特根保太太自己找到了机会，增加了收益。而且特根保太太也真的认为这是自己的想法，她很自豪地拿来和大家分享，这里的农家逐渐开始接受电。"

李自明挥舞着自己手里的笔，问道："郭先生，这句话到底应该怎么写？当时我也是站在顾客的角度帮他们介绍产品，少允诺，多提供，努力让他们觉得我的商品是他们需要的，他们也没有主动来买过啊。"

郭先生在李自明的笔记本上写下这样一句话：

◆提出建议，让别人在脑海里建立一个新的观念，进而引导他同意你的观点，并做出你希望的事情。这样可以让合作愉快，实现共赢！

珍惜当下，迎接明天

做好当下应做的每一件事情，
满怀憧憬地迎接更好的明天。

李自明坐在飞机上临窗的座位上，看着窗外的蓝天，心潮澎湃。昨天晚上他联系过了静香，准备到当地的第二天就开始他的计划。这是一个没有开辟过的市场，这里充满着未知和挑战。但是李自明翻开自己的笔记本，一行行的箴言和事例像他所拥有的撒手锏，从内心给了他自信。

他的旁边坐着一位和他看起来同龄的男人，李自明想："我何不就从现在开始挖掘我的客户呢？"

他拿出自己的"大富翁"，向那个人打招呼："你好，飞机上无聊，我们来玩桌面游戏吧。"

那个男人很惊讶地问："大富翁？"

李自明又拿出一摞箴言卡片说："每走一步都会有惊喜哦！"

听到这句话，被李自明邀请的乘客似乎有些兴趣了。

当李自明走了第一回合，他翻开卡片：

◆昨天是历史，明天是谜团，只有今天是天赐的礼物！

那位乘客读到这句话，说道："说得真好！"

李自明看了看窗外的云海，然后对那位乘客道："请问您怎么称呼?"

那位乘客递过来一张名片说："大家都叫我小赵，你这么叫我就可以了。"

李自明也递过去自己一张名片，然后飞快地在脑海中记下小赵的特征以及此时此景，以便方便时记在小赵的名片上。

忽然李自明听到小赵说："哎，你是李先生公司的?"

李自明说："是啊，我是被派去开辟新市场的，那里我们还没有任何的投资，到了当地还要请赵先生你多多关照呢。"

小赵哈哈笑道："这次来，我除了自己原本的业务需要，就是想和你们公司谈合作的，因为我发现在我们本地没有你们公司的代理商，可是因为一些事耽搁了。我还一直郁闷自己错过了一个好的机会。这下真是巧了。"

李自明惊喜于自己的运气，他看着自己手里的"大富翁"开心地大笑起来。

青春感悟

◆名片很有人情味，当你收到一张名片时，应该有这样的感觉：我认识这个人了，并且对他会有一个第一印象。

◆信誉只可积累，不可透支！

◆提出建议，让别人在脑海里建立一个新的观念，进而引导他同意你的观点，并做出你希望的事情。这样可以让合作愉快，实现共赢！

◆昨天是历史，明天是谜团，只有今天是天赐的礼物！

Part 08
领袖的魅力，需要奋不顾身的历练

当我们通过自身的努力实现了从执行者向管理者的转变后，接下来就要修炼作为一名管理者应具备的素质和修养了，要通过自己独特的管理魅力带领自己的团队走向成功。从管理者向领导者迈进，需要奋不顾身的历练。

管理者的思维转变

当你通过努力实现了从执行者到管理者的转变，要学着用管理者的思维来处理事情。

　　飞机降落，减速滑行，一张略显沧桑的脸庞有些难掩的激动，他重新回到了这座城市。5 年来，他经历了太多。他紧紧地握着手里的一盒桌面游戏，这盒"大富翁"在 5 年前帮他开启了新市场的大门。他自言自语道："还好，我不是孤身一人。有那么多的朋友一直支持我，5 年了，我终于距离我的梦想越来越近了。郭先生，我回来看您了。"这个男人正是李自明。

　　从机场出来，他拦下一辆出租车，报上了郭先生家的地址。他轻轻地拨通了电话，他一直和这里的朋友们保持着联系，5 年来，他中间回来过，但是忙于业务从未做过太多的停留。

　　5 年了，他看着手里的钢笔，看着车窗外的风景，思绪与车一起飞驰。40分钟后，他从一个别墅区下车。这里的环境没有变化，如果不是自己身上的西装，以及那辆不见了的自行车，李自明会觉得自己从未离开过。阳光还是那么明媚，李自明按响了门铃，他很期待见到自己人生最重要的导师——5年来他每时每刻都在挂念着的郭先生。

　　管家激动地带李自明进屋，李自明还没走到门口，就看到一个熟悉的身影出现在客厅的门口："你还知道回来呀？"

　　寒暄了很久，李自明拿出自己的"大富翁"说："老师，还是玩两局'大富翁'吧。"

　　两个人边玩边聊天，郭先生很开心地问道："我听说你在那边市场做得很好，这次回来有什么新的计划吗？"

李自明说："当然是让老师再给我上一课了，现在我是大区经理，我觉得自己到了一个新的管理层，我需要老师的帮助啊。"

郭先生说："从一个销售员成为了管理者，下一步是从一个管理者成为领导者。你应该有这个觉悟了，我能教给你的东西越来越少了啊，但是也越来越重要了！"

李自明不禁坐直了身体，说："是这样的，老师，我就知道我来您这里肯定会受到新知识的冲击。我原本是想问怎么做好一个管理者，您的回答又一次出乎我的意料了。您快讲课吧。"

掌握管理者应具备的素质

一个优秀的管理者
除了要具备专业上的职业素养，
更要培养自己的管理魅力。

郭先生说："管理者需要具备比普通销售员更出色的能力，而这些能力并不神秘，只要注意，你肯定可以做到。你现在的业绩不错，你平时多加注意，然后将你的经验系统化，就可以了解和掌握这些管理能力。"

李自明说："那么具体来说，一个好的管理者都需要哪几个方面的能力呢？"

郭先生说："第一，会激励。作为一个管理者你不仅要善于激励员工，还要善于激励自己。员工最好的工作想法是'我要去做'，这可以发挥员工的才能，让他们每个人努力去工作。但是如何把员工的'要我去做'的想法变成最佳的工作想法呢？实现这种转变的最佳方法就是对员工进行激励。"

李自明插嘴道："郭先生，你这句话让我想起来很久之前说到的与人合作时的课程。想让别人把你的意见转化为自己的看法，赞美是一种好的途径。"

郭先生说："上司和下属的关系与你和朋友交流不同。针对不同的关系，你要采用不同的方式。作为一个管理者，特别是高层管理者，每天要面对繁杂的事务，要解决很多麻烦的事情，还要思考发展的方向。因此，你必须让自己的员工投入100%的精力工作。用激励的方式而非命令的方式给员工安排工作，能使员工体会到自己的重要性和工作的成就感，进而使他们更好地工作。激励的方式并不会使你的管理权力被削弱，相反，你安排员工去工作会更加容易，并能使员工更加服从你的管理。这样你就可以后顾无忧，始终保持良好的心情去面对自己的工作。而你激励员工的前提就是自我激励、缓解压力，把压力转化成动力，增强工作成功的信心。"

郭先生接着说："第二，要自我激励，你就要拥有控制情绪的能力。一个成熟的管理者应该有很强的情绪控制能力。如果你的情绪很糟，很少有下属敢汇报工作，因为担心你的坏情绪会影响到自己，这是很自然的。一个高层管理者情绪的好坏可以影响到整个公司的气氛。如果你不能控制自己的情绪，有可能会影响到公司的整个效益。从这点上讲，当你成为一个管理者的时候，你就必须学会控制自己的情绪。当你批评一个员工时，要控制自己的情绪，尽量避免让员工感到你对他的不满。为了避免在批评员工时情绪失控，最好在你心平气和的时候找他谈话。当然，你要注意一点，优秀的管理者善于利用生气来进行批评，这适用于屡教不改的员工。这种生气与情绪失控不同，它是有益的，情绪处于可控状态。你明白吗？"

李自明哈哈笑道："好像郭先生拿这种方法对待过我的同学。"

郭先生说："你记性真好。控制情绪很重要，但真正能很好地控制自己情绪的管理者并不多。一些管理者苛求完美，控制情绪显得尤为困难。你可以试着在生气的时候数数儿，并到户外散步。"

"第三，幽默感！"郭先生让管家拿出一袋泡芙，"幽默能使人感到亲切。幽默的管理者能使他的下属体会到工作的愉悦。你管理的目的就是为了达到使下属准确、高效地完成工作的效果，轻松的工作气氛有助于达到这种效果，幽默可以使工作氛围变得轻松。可以利用幽默批评下属，这样不会使下属感到难堪。幽默不是天生的，可以培养。美国前总统里根以前并不幽默，在竞选总统时，别人给他提出了意见。于是他采用了最笨的办法使自己幽默起来：每天背一篇幽默故事。"

李自明说："看来我也得去买《幽默故事大全》了。"

郭先生说："你是应该锻炼锻炼。第四，演讲的能力。优秀的管理者都有很好的演讲能力，你的演讲能力还不错。演讲的作用在于让他人明白自己的观点，并让他人认同这些观点。从这点出发，任何一名管理者都应该学会利用演讲表达自己。演讲的对象不一定是很多人，可能仅仅是个别下属，而且场所很可能是在与下属沟通时的任何地方。演讲的意义并不局限于演讲本身，演讲可以改善口头表达能力，增强自信，提高反应能力，在对外交往和管理下属时，使自己游刃有余。一个人的演讲能力主要与他的演讲次数成正比，你当时不喜欢与人交流，不断地去演讲，也拿了一个第一。培养自己演讲能力的唯一可行办法就是去演讲，演讲最难的就是第一次，只要克服了心理障碍，演讲并没有什么可怕的。"

李自明说："唉，当时的证书我现在还留着呢。"

郭先生吃掉一个泡芙："第五，也是你拥有的能力，但是不知道你有没有运用到别人身上，那就是倾听的能力！你上课的时候很懂得倾听，对于我，你可能觉得我能教给你东西。但是在管理中，很多管理者都有这样的体会：一位感到待遇不公而愤愤不平的员工找你评理，你只需认真地听他倾诉，当他倾诉完时，心情就会平静许多，甚至不需你作出什么决定来解决此事。

郭先生递给李自明一个泡芙说："大家都认为自己的声音是最重要的、最动听的，每个人都有表达的欲望，友善的倾听者自然成为最受欢迎的人。如果你能够成为下属的倾听者，你就能满足每一位下属的需要。如果你没有这方面的能力，就应该立即去培养。"

◆培养的方法很简单，你只要做到一点：当他人停止谈话前，绝不开口！

成为一名出色的管理者

出色的管理者除了要自身足够优秀，还要有管理下属的能力和魅力。

李自明说："只有这么多吗？怎么觉得少了些什么？"

郭先生说："第一，素质。能力只有建立在高素质的基础上，才能发挥好。你要处世冷静，但不优柔寡断。遇到事情，你既要考虑周全，又要在关键时刻能果断地下定决心！考虑事情的多个方面或问题涉及的各个利害关系方，不冲动行事。周密思考后果断作出决定或清晰地阐明自己的观点，这样可以使事情或问题得到比较妥当的处理，同时又有利于形成良好的人际关系。"

"第二，万事离不开认真，好的管理者必须做事认真，但是不苛求完美。"郭先生好像回忆似的说，"愚蠢的人才去苛求完美。经商侧重追求的是效益、投入产出比，你要懂得什么事情需要追求完美、什么事情差不多就行，这样的管理者才能把事情做对，并且能比一般人更容易创造出价值。"

李自明说："这些要求，要做到还真够难的，把握好度真的很重要。"

郭先生说："很多事情的度掌握好了，你就成功了。第三点，还是度的问题：关注细节、不拘小节。你要关注事情的细节，留意观察身边的人和事；抓住问题的要害，将问题扼杀在萌芽状态中。但不要拘泥于小节，别在意别人的一点小过错或小过失。大幅度减少问题的发生，日常管理工作才会井然有序。"

李自明说："老师，请继续，我觉得自己现在已经迫不及待地想回去实践这些平时没注意到的经验了。"

郭先生说："人们很讨厌命令，经商不是军队，要学会协商安排工作，尽量少发号施令。如果你想成为一个能让下属主动追随的管理者，你要依赖的是个人魅力和领导力，而不是你手中的权力！"

"出色的管理者都是怎么做的？"李自明问。

郭先生回答："出色的管理者很少对下属发号施令，他们和下属商量怎样布置和安排工作。你做到这样往往能让下属真正心甘情愿地完成好被安排的任务，并且能营造出和谐团结的团队氛围。"

李自明说："唉，这样子啊。"

郭先生说："接下来就是关爱下属、惜才爱才。你要尊重爱护下属，你们是一起努力奋斗的兄弟，让下属有一种回家的感觉，无形中可以让大家更积极、更主动。对人宽容、甘于忍让、将心比心、善于考虑别人的难处和利益，可以形成良好的人际关系，并往往能在需要时得到别人最真诚的支持和帮助。严以律己，以行动服人，别让自己独立于各种规章制度之外，你要身体力行、为人表率，用自己的实际行动来影响和带动你的员工。这样才能使得你的规定得以落实。"

李自明吃着泡芙说："好的，我知道了。您的泡芙是哪儿买的？我带回去些。"

郭先生说："一会儿让管家送你一些，还有最后3点。为人正直，表里如一；谦虚谨慎，善于学习；不满足于现状，但要脚踏实地。出色的管理者为人正直、表里如一。你要对下属一视同仁、公平公正。这样可以使下属有安全感，你也能得到别人充分的信任。不要把自己已有的知识和技能作为管理的资本，要谦虚谨慎，要乐于向自己的上司、同事和下属学习。如此可以让你具有比较强的能力，并且能够使你的能力得到持续的提高。我知道你不满足于当前的业绩，有比较高远的目标和追求，但是你要脚踏实地，绝不能脱离现实，要一步一个脚印地为更高更远的目标而奋斗。清楚自己的将来，未来才能实现它。"

管理者的目标是领导者

从管理者到领导者，实质是从中层到高层的蜕变。

说到这里，李自明歪着头问："管理者和领导者有什么区别呢？"

郭先生说："别急，我们先讲如何做好一个领导者。"管家送上来 3 杯茶，先递给李自明一杯。

郭先生喝了一口茶说：

◆卓越领导者漫漫求索道路上的第一步，就是做一个出色的追随者！

李自明记下这句话："追随者？追随谁呢？好的领导者？"

郭先生说："每个人都不是天生的领导者，你要想成为好的领导者，先要成为一个好的领导人的追随者。你们的老板李总实际上就是一个很好的领导者。"

李自明说："哈，那我倒是一直追随着您。"

郭先生笑笑，说："可以从不同的角度划分追随者。第一，根据追随者是否属于领导者所在的组织，可分为组织内的追随者和组织外的追随者。前者就是常说的下属，后者就是常说的合作者。一个大事业的领导者肯定不是靠自己，他们都需要坚定的组织内的追随者，而且还要有广大的来自组织外的合作者。而且，作为领导者要把自己的思维和下属分享。你作为追随者可以从这里领略到你的领导者的思想。"

李自明说："具体我应该怎么做呢？"

郭先生说："什么是好的追随者呢？理解领导者命令的目的、遵守管理制度，在此范围内调动自己的资源，完成指派给你的任务。大多数情况下，在乎并且有行动总是比不在乎而且没有行动要好。一个好的追随者总是能够花时间和精力来理解他们的领导和领导的决定，从而采取不同的行动。他们会积极跟随好的领导者，也会积极反对不合事理的决定和领导，也就是我们常说的根据不同的情况采取不同的行动。"

李自明说："我要努力地去学习李先生的经营策略，做好一个追随者，然后成为好的领导者！"

为下属制订合适的目标

为下属确立的目标要十分合适，既要有一定的挑战性，又不能高得无法实现。

郭先生说："做好一个领导者，第一就是帮助员工制订目标。"

李自明说："这个好像是第一次上课时您给我们讲的内容。"

郭先生说："自己实现目标和帮助别人实现目标是不同层次的两个概念。我们每个人都有自己的目标和追求。对你我重要的东西，对他人而言也许无足轻重。好的领导者有一个共同的标准，那就是为下属制订目标，并为下属创造最佳条件，帮助他们达到目标。你不仅要管理他们，更需要引导、带领他们，实现你们的目标。要树立榜样，让他们知道应该怎么做。这样，他们就会受到激励，就会想把工作做好。"

"还记得当初我怎样教你们的吗？你要教你的下属将他们的目标写下来，这会明确并提醒他们希望达到的目标。"郭先生说，"通过制订目标，可以让下属明确方向，避免因走弯路而浪费精力和时间。其次，目标就像一个筛子，它可以筛选出哪些是要做的事情、哪些是无关的事情，这就提高了工作效率。目标的明确会使工作更加井然有序。再次，目标的实现能给予人成就感，这就可以唤起你的员工巨大的潜能，让他们更好地完成工作。"

郭先生又喝了一口水："设想一下，有人张弓往天空中射箭，然后说：'看我的箭法，是不是很棒？'你会怎么想？"

李自明说："这我怎么知道？他有没有瞄准什么东西？"

郭先生笑着说："相比之下，有人竖好靶子，瞄准靶心，然后不断地射向目标，直到射中靶心，你就会认为他的箭法真好！也就是说，没有目标，谁知道他的箭法如何呢？"

"这一原则同样适用于引导员工。帮助员工写下简单明了的目标，就像竖立一个射击的靶子。你回忆一下当时自己制订目标的情形，一旦清楚了自己的目标，并且承担了达成该目标的责任，员工们就会在目标的引导下迈向成功。"

李自明说："如果我不断地询问我的员工目标进展如何，他们就会很难放弃这个既定目标，而更容易坚守目标，并且促使员工相互协助，实现各自的目标。培养他们的团队精神，相互协助、解决困难。实在是太棒了！可是，如果我把目标制订得太高，下属无法达到，那怎么办呢？"

郭先生说："问得好！要记住，你为下属确立的目标要有挑战性，但不能高得无法实现。比如说，不能将最困难的销售地区和最高的销售指标交给一个新手。你应该为你的员工量身制订目标，首先帮助他制订比较容易达到的目标，让他在工作中发展成长，接着在不断的激励下，你的下属肯定会走向更高层次！"

"很有道理，"李自明说，"我还记得，刚开始树立了目标之后，我就去买我的手机，然后我通过自己的努力真正地满足了自己的需求。我知道，我必须达到这个目标！而现在我要帮助我的下属制订目标，不是我的目标，而是我们的目标。这样，我想他们就会在每次见面的时候告诉我，他进步了。"

郭先生说："你要记住下面这句话！"

◆为员工制订的目标是一种期望或预计达到的结果，是他们工作上要前进的方向和最终要达到的目的！

"目标能够清晰地反映出我们要走的方向和目的。例如，需要员工努力做好每件事情，勤于主动思考问题，力争对产品进行创新，那么制订的目标就可以是研发新产品，下属就有了工作的重点。"郭先生说完，递给管家茶杯，管家重新加满水。

责任心，优秀领导者的立足根本

多了一份责任心，就多了一份安全保障。

"自明，归根结底，一个好的领导者要有责任心。要做一个出色的、优秀的领导，你必须给予'责任心'这个词最高的重视。仔细留意下面的话。"

◆我领导下属的方法是：事情做对了，是下属的功劳；事情做错了，是我的过错。

"我欣赏这种方法，"李自明兴奋地说，"就是说，好事不要归功于己，坏事要勇于承担责任。"

郭先生说："对，一个好的领导者应保持谦逊的态度，人们就愿意为你竭尽所能。他们感到受你的赏识，就会不遗余力地支持你。你勇于承担责任，那么他们确信，即使目标进展不顺，你也不会让他们失望。"

李自明激动不已："说得太对了！完全正确！这就是成为优秀领导者的方法！"

郭先生说："只要仔细寻找，系统总结你的经验，你就不难成为出色的管理者。我说过，你具备成功者的潜质，现在你具备的是优秀领导者的潜质。

"你拥有工作责任心，工作责任心是指从事职业活动的人承担的职责和义务的自觉心。工作责任心是一个好的领导者应当拥有的，工作义务是你应该背负的。"

李自明说："责任心，责任心，有没有关于责任心的故事？"

郭先生递给李自明一份报纸说："这种事情无处不在，责任心能将一些问题扼杀在萌芽状态，避免造成不必要的损失。"

李自明看到下面一则报道，故事的主人公是这样叙述这起事故的：

10月9日下午16时50分左右，准备交接班时，突然传来一股焦臭味，大家都以为是外面电气焊或无齿锯下料时产生的气味，也就没有在意。

可我仔细辨别了一下，觉得这种气味和电气焊或无齿锯下料时产生的气味不太一样，为安全起见，我起身到后面的控制盘检查。结果，越往前走焦臭味越浓，我判断有可能是哪一个控制盘里面的电器元件烧毁，就顺着气味迅速打开电气控制柜门挨个儿寻找，为防止出现遗漏，我们就把电气柜全部打开通风，发现电气控制柜内无异常。

但此时焦臭味并没有消除，反而越来越重，就判断为热工控制柜故障，于是打开热工控制柜门寻找，当打开热工控制盘3号控制站2号柜时，发现热工的卡件有冒烟现象，我赶紧跑去通知班长、值长，值长果断下令，对3号锅炉系统进行检查并加强监视，发现3号锅炉所有电动门全部变红，值长立即通知了热工前来处理，确系热工有两个3号炉的卡件烧毁，经过紧急处理消除了隐患。由于问题发现及时，处理得当，避免了其他短路故障，防止了事故的进一步扩大和停炉事故的发生，保证了设备的正常工作。

现在，公司正在提倡节能降耗，运行人员保证机组锅炉等各种设备正常运行，防止事故的发生，也是节能降耗。我们在工作当中要认真负责，发现异常情况及时处理解决，多一分责任心，就多了一分安全保障。

李自明久久无语："多了一分责任心，就多了一分安全保障。"

郭先生说："对于做销售，买你的产品对顾客而言就是信任的问题，反过来说，你就要对顾客负责。这样，产品的质量加上你的责任心，顾客才会觉得你们公司值得信赖。"

向着领导者的目标前进

> 领导者是决策者，
> 管理者是执行者。

"我还是不明白。"李自明反问道，"管理者和领导者的不同到底在哪里？"

"接下来我们就说这个问题。他们两个完全不同，二者的区别甚至远远超过销售员与一流销售员的区别。听好了！很多人将管理者和领导者混为一谈，"郭先生接着对李自明说，"其实二者大相径庭。假设有一支职业球队，教练是球队的场上指导，他激励队员们团结一心，时刻提醒他们球队的目标。而球队老板，或者说是球队领导是为球队制订最初目标的人，他展望球队的最终成绩。你可以将教练称为管理者，称老板为领导者。领导者树立了球队的靶子，然后招募其他人员帮助他实现这一目标，并授权他们达成理想的结果。"

"自明，你瞧，"郭先生示意管家给自明加一些茶，然后继续说道，"真正的领导者并不需要事事亲为，但他必须知道如何简明地解释员工需要做的事情，并给予他人力量去实现目标。领导者并不是要亲自做所有的工作，而是要监管属下实现共同确立的目标。"

"一个球队管理者需要完成老板下达的任务，教练就是管理者。比如，老板要求获得小组冠军，教练有责任实现这个目标。为了实现这一目标，他需要招募队员，根据自己的对手情况制订比赛策略，为队员分配任务，监管并评估队员们的表现，最终冲击小组冠军，这就是管理！"郭先生举了球队的例子。

"对啊，"李自明若有所思地说，"我想我明白了。可是，领导者和管理者也需要一起工作，对吧？"

郭先生说："这是当然！只有领导者而没有优秀的管理者，结果会大不相同。一个领导者可能只是一个疯狂的梦想家，财力雄厚，拥有伟大的梦想，但需要有人为他采取具体行动，以便实现他所有的梦想。作为领导者，需要有人替你跑腿儿。所以，你想要获得成功，除了要做一个成功的领导者外，也需要那些正在努力成为领导者的人，你们相辅相成才能成功。"

"反之亦然！"郭先生接着说，"一个出色的管理者如果没有优秀的领导者，不懂得制订具体目标，那么他就只会畏首畏尾，裹足不前。由于缺乏前进的方向，他和他的员工们就会每天不断地重复同样的事情，到头来会感到厌烦，最后很难成功，也可以说，管理者没有立靶子的话，他就不知道往哪里射箭。"

李自明说："领导者能看到全景，把握全局，善于将远景告诉管理者，而且具备鼓舞他人成功的特殊能力。"

"没错！"郭先生说，"我很高兴听见你能如此概括领导者的基本要点。"

"有你之前详细的解释，要做到这一点并不难。"李自明回答，"领导者需要做的事情，我已经明白了。可是，要成为领导者，究竟需要具备哪些性格特征呢？你认为我又具备哪些特征呢？"

"你完全具备这些特征！"郭先生鼓励自己的学生说，"你拥有积极的态度，真心关心每个人的成功，具备恒心，具备清晰描述目标的能力，给予他人完成既定目标的力量。

"你这几年来的努力，已经为自己打好了基础！具备了这 5 大特征的人，不管从事什么职业，其前途都不可限量。"

"我相信你能发挥自己的才智，积极地领导他人，取得更大的成就。"郭先生充满信任地对李自明笑着说。

与下属分享企业的目标

> 领导者创造远景，
> 并要与下属分享企业的目标，
> 让每名员工都对企业充满信心。

"我年轻时曾在一家大公司里工作，"郭先生讲述道，"公司各部门的头儿经常来我上班的库房巡视。他们会向人点头示意，然后从库房的另一头走出去。仅仅是这种点头示意，就让所有员工深受鼓舞，士气大振。"

"哎呀，这算不了什么呀！"李自明说。

"我知道。"郭先生说，"但是就是这点认可就足以提高员工们的工作积极性了。当时我们那个公司每半年要开一次'公司现状'通报会。"

李自明说："就是所有部门领导集中在会议室里，公司董事长向部门领导通报公司的情况，我的公司也在开展。"

郭先生说："别急，我们的公司首先要隆重祝贺某些部门取得的成绩，然后向所有领导描绘公司现有的处境以及未来的走向。"

李自明说："呃，这个我们就没有了。大概会说，我们得努力吧！"

郭先生说："这就是区别，公司为我们设立了射击的靶子，然后请求我们帮助领导者实现他的远景，并逐个感谢我们支持公司的远景，我们真的是大受鼓舞!"

"会议结束后,人们激动地立即返回工作岗位,拼命工作。这股热情通常会持续数月之久。"

李自明说:"我下次召开这样的会议,一定也这么干!经营公司,我会每个月举行一次公司现状通报会,让我的下属永远士气高涨。每次实现目标,我都会奖励他们!"

郭先生说:"直到今天,我仍然认为,当你与他人分享信息,他人也会与你分享信息。正如我以前说的那样,员工们喜欢目标。当领导者与属下时刻了解自己的发展前景时,就会增强他们的使命感,让他们感觉自己是结果的重要组成部分。员工们就会为领导者努力,分享自己的能力。

"定期了解事情的最新发展对领导者也会有帮助。你可以借此了解自己的远景能否实现,看看属下是否与你志同道合。"

李自明在自己的本子上写道:

◆领导者创造远景,与他人分享自己的目标!

"太神奇了!"他兴奋地说,"与属下分享想法和信息,让他们参与,会赢得他们的支持,获得他们的努力,实现公司的发展前景。他们会有参与感,会感觉自己是伟大梦想的一部分。"

"人们追求参与感比为金钱更多!"

"维持目标是管理者的事情。创造一个远景或创造一个追求才是领导者的责任。"

李自明听到这里,敲着自己的太阳穴,思考了一会儿说:"为我领导的部门设计一个远景,我就可以团结所有的员工,为成为公司业绩最好、效益最高、最富有专业精神的营销团队而奋斗!我要激励他们不断创造销售纪录,使我的部门成为人们争相效仿的楷模。"

"说得太好了！"郭先生笑着鼓励他，"你如何影响你的销售人员呢？你可以在你的新市场上做出最好的业绩！"

"我会引导部门的每个成员，让他们体验到成长带来的兴奋！确立了远景后，我就会知道哪些员工自私自利、只关心自己，他们就会被剔除掉，真正富有团队精神的员工将涌现出来。我就可以领导这些员工们为实现部门大目标而奋斗，即成为'最好'！"李自明信心满满地说。

剔除消极队员，维护团队的热情

将团队里只懂得幸灾乐祸的人剔除，维护团队的热情！

"自明啊，说真的，这么复杂的事情，你却归纳表达得这样好，看来你真的理解了！"郭先生说，"不过，除此之外，我还要给你一个警醒。"

"什么警醒？"李自明平静了下来，关切地问。

郭先生说道：

◆衡量杰出领导者的真正标准，是他们抗击风暴的能力！

"事情发展不顺利是不可避免的，作为一个优秀的领导者，你必须保持镇静！问题不在于是否会有不顺利，而在于顺利什么时候到来！遇到问题不是要想问题多么困难，而是要想怎么解决！我们在生活中都会碰到障碍，障碍本身就是生活的一部分，如何应付障碍体现了我们真正的品质。"郭先生说，

"自明，你要记住厄尔·南丁格尔曾经说过的话：'我们是自己思想的最强大的统治者。'"

李自明说："那么我就告诉自己，我每时每刻都状态良好！"

郭先生笑道："如果我们认为自己才华横溢、成就非凡、信心百倍，我们就会果真如此；如果我们认为自己每时每刻都状态良好，那么我们就真的很好！当然，相反的情况也成立。我过去在一家公司担任过销售经理，曾经历过一次大崩溃。这时一位很有经验的长者告诉我说：'你是一船之长，永远不要让手下看见你眼中的恐惧，否则，他们就会惊慌失措，弃船而去。'我永远记住了这条经验！这绝对正确。"

"嗯！"李自明点了点头，表示同意。

"想想，一艘慢慢下沉的轮船，海水从四面八方涌了出来，船长惊慌失措，四处乱窜。如果你是水手，看到自己的船长失去了镇静，你肯定也会失去镇静！当事事如意的时候，要保持积极乐观的心态，全神贯注作出正确的决定，要做到这一点并不难。可是，只有在危急时刻，才能真正显示一个人的品质！"

"我的经验告诉我，即使在万事不顺的日子里，如果我们保持积极的心态，就会慢慢好起来。这样的心态能帮助我们振作精神，以最积极的心态应对眼前的境况。'假扮它，直到你做成'，说的就是这种心态。"郭先生说。

"没错。就是我刚刚说的'每时每刻都状态良好'。"李自明笑着回答。

郭先生说："告诉自己每时每刻都状态良好，面对逆境，保持冷静，成为一个真正的领导者！"

"老师，您说的话我明白了，真的明白了。但是总有人告诉我说，这些远大蓝图永远不会实现，我该怎么办呢？如果有人说：'我们习惯了这样做，干吗要改变呢？'如果遇到这种情况，那又怎么办呢？"李自明问。

"刚才你说过了，他们将会被剔除！"郭先生说，"人们将为消极心态付出巨大代价。我给你一条建议，这是我多年前听说的，我已经不记得是谁说的了，不过这句话我一直牢记在心：'不要与态度消极者为伍，他们只会拖你的后腿'！"

"我说的并不是那些持积极的批评态度的人，也不是那些唱反调的人，而是那些见别人在逆境中痛苦而幸灾乐祸的人——他们口中很少说出好听的话来。你应该明白其中的区别。"

"当然。"李自明点头表示自己理解。"我还记得我刚开始做销售的时候，我对我的朋友说我每周可以赚 1000 块钱，有人嘲笑我，还叫我找一份正经的工作。他们说，你永远不会成功的。多么打击我的话啊！"

李自明接着说："可是，我当时坚持下来了，我没有理会他们的嘲讽！我不断地向别人讲解我的计划，直到有人对我说：祝你好运！并给了我一些具体建议。这个人告诉我一些业界的销售规则。这就是刚才老师说的'积极的批评'。真是大不相同！就在那个时候，就在那个地方，我明白了，必须找到能分享我热情的人，最起码是能给我提供宝贵指导或看法的人！"

郭先生说："作为领导者，你要将你的团队里只懂得幸灾乐祸的人剔除，维护你团队的热情！"

适时奖励员工，获得双赢

优秀的领导者最擅长科学激励，从而实现员工和企业的双赢。

　　李自明坐在自己的办公室里，这次他回来，身份已经不单单是新市场的领导者，他已经成为了李兴公司的股东之一，他相信自己的投资肯定能换来自己想要的生活，他现在已经身价几百万，他坚信自己可以实现自己的目标。

　　他翻着自己的笔记本，回忆郭先生在走之前给自己讲的最后一课：

　　◆ 实施一个奖励计划，让员工与公司双赢！

　　当时，李自明对郭先生说道："嗯，我会的！"

　　郭先生微笑着看着这位年轻的朋友，开始进入下一课："我们前面讲过，领导者的责任是要让每位跟随者都感到，不管领导开创什么事业，他们都可以获得适当的利益。那么我有个建议！在我自己的公司，我为了增加客户数量，提高公司效益，想出了一个办法：我们为公司员工确立了一个目标！我实施了一项名为'绿色俱乐部'的计划。销售人员的销售额如果连续7周平均业绩能达到5000美元，而且每周可以发展10位新客户，就可以加入'绿色俱乐部'。达到这一级别后，我的公司就会给予奖励，为他们支付一期购车款。这是我们给予员工的回报。

　　"而且，我们会将平均销售额和各项数据张榜公布，让每个员工清楚自己需要多少销售额和多少客户，才能保持甚至提高平均销售额。销售人员只需比 7 周前稍有进步，他们的平均销售额就会上升。最重要的是，他们永远不会失去专注！实施这项计划前，员工们的每周平均销售额是 3500～4000 美元，发展 3 位新客户。为什么是这个水平？因为他们为自己预设的能够达到的目标就是这个。他们没有动力去提高它，而不是没有能力。他们生活得不错，还拼命干什么呢？"

"你是说，他们就是悠闲地打发日子了？"李自明问。

郭先生说："是的。他们必须要被提醒，每个人才有动力去做得更好。在布置任务、确立目标、执行激励计划仅仅 4 周后，有一半的销售人员完成了平均销售额。公司为他们支付了一期购车款，并对他们取得的成绩进行了公开表彰。说实话，我很开心。他们的成绩得到了承认，这会激励他们继续取得成功。'害怕失去'的心态在起作用。谁也不愿意失去一期购车款这样的奖励，也不愿意被踢出俱乐部。这项计划还有一个好处，我们可以让每个销售人员都体验到公司成长的快乐。"郭先生补充道，"这就像滚雪球。随着客户数量的增加，新客户带来了更多的收入，因此每个员工都可以分得好处，就想发展更多的客户，这些新客户又为公司带来了更多的收入。你明白了吗？"

李自明说："是的，形成了一个良性循环。你的员工拓展了这么多新业务，为他们支付一期购车款这样的奖励就毫无问题了！"

"说得对，很好，你有一个领导者的潜质，我没看错！"郭先生微笑着说，"支付一期购车款其实没有花费我们一分钱！因为公司赚了钱，客户数量在一年中增长了一倍。你看，过去销售人员每周的销售额平均为 3500～4000 美元。他们要获得一期购车款，就必须达到 5000 美元，他们提升了销售额，增加了公司的利润。反过来，我们有福同享，拿出一部分利润为他们支付一期购车款，其实我们一分钱没花！员工们非常开心，我们也非常高兴！即使为他们支付了一期购车款，公司净利润也增长了 15%。这就是典型的'双赢'

关系。"

"太精彩了!"李自明笑道,"不过,如果他们就在这个级别上止步不前,那又怎么办呢?"

郭先生神秘地笑道:"最近我的公司还有一项新的目标计划打算推出!叫作'总裁俱乐部'。要加入这个俱乐部,销售人员的销售额就必须连续7周每周达到8000美元,而且每周还要发展10位新客户。加入这个俱乐部,公司就要每月为他支付不超过800元的房租补贴!另外还要为他支付另外的一些购车款。你认为我们要为此花费多少钱呢?"

李自明再次哈哈大笑:"一分钱不花!"

"你说对了。如果你能为别人提供改善生活的机会,并且给予他们鼓励,直至成功,那么,你的员工也会喜欢每天去工作。他们保持了好的工作情况,同时你在实现自己的梦想。所以,总结起来就是:做一个出色的领导者,该赞赏的时候就要赞赏,随时给予回报,有福同享,要让每位员工感到他们的作用非同小可。还要记住,要得到自己想要的东西,首先要帮助他人得到他们想要的东西。"

李自明看完这段话,对自己说:"我一定能够做好!"

青春感悟

◆培养的方法很简单,你只要做到一点:当他人停止谈话前,绝不开口!

◆卓越领导者漫漫求索道路上的第一步,就是做一个出色的追随者!

◆为员工制订的目标是一种期望或预计达到的结果,就是他们工作上要前进的方向和最终要达到的目的!

◆我领导属下的方法是:事情做对了,是属下的功劳;事情做错了,是我的过错。

◆拥有积极的态度,真心关心每个人的成功,具备恒心,清晰地描述目标的能力，给予他人完成既定目标的力量。

◆领导者创造远景，与他人分享自己的目标！

◆衡量杰出领导者的真正标准，是他们抗击风暴的能力！

◆实施一个奖励计划，让员工与公司双赢！

Part 09

坚定的使命，需要奋不顾身的践行

当你突然发现工作上取得的成就已经很难使自己过得更加充实，当你发现生活中的享受已经很难填满自己空虚的心灵……你需要寻找人生真正的使命了。找到人生的使命，并奋不顾身地去践行它，才能真正突破事业上的瓶颈。

寻找人生的使命

寻找到人生的使命并努力去践行它，最终实现人生的价值。

今天的天气和很多年前的一天很相像，那天管家淋湿了自己新买的衣服，郭先生给同学们上了强大的心灵那一课。郭先生和管家坐在客厅里喝茶，管家说："这样的天气应该没有人会来了，先生还是早点睡吧。"

郭先生说："前一段时间，李自明成为了李兴公司的股东，又很久没来了啊。听说他都结婚生子了，年轻人真正长大了啊。"

忽然听见雨里有人按门铃，郭先生说："咦？会不会是自明？"

管家打着雨伞去开门，不一会儿，果然淋得湿透的自明进门来了。

郭先生问："自明，你怎么了？怎么现在来了？"导师的关切让李自明心里一暖。

"我想我该休假了。"李自明接过管家递过来的毛巾，擦着淋湿的头发，语气很是沉闷。

"为什么这么说？先去洗个澡吧。"郭先生对李自明说。

十几分钟后，李自明换了一身干净的衣服，坐到熟悉的位置上说："郭先生您是知道的，我成为了公司的合伙人。我原本以为只要实现了我的目标，实现了我自己的理想，我就拥有了所有。现在我的车和您的一样，我的房子也和您的相同，但是我却没有了当时在您这里只能梦想它们时的快乐。我结婚了，却因为工作忙没时间见我的太太和孩子。我不明白，我竟然感到了空虚——好像自己没有取得多大成就。老师，在您的帮助下，我这些年来的努力似乎让自己成功了，但是我好像成为了一件商品。"

"原来是这样，听了这些，我感到很高兴。"郭先生竟然微笑着回答。

"什么？你是说我成了商品，还是我需要休假？"李自明满脸沮丧，然而听到郭先生这段话，又很不解。

"都不是。自明，你不需要休假。现在这个阶段，你需要的是人生使命。"郭先生说。"记得上次你这么沮丧的时候，还是你当时没有进展的时候。"

李自明一脸无奈："我有一个使命，你忘了吗？我需要制订公司的发展远景，完成销售任务，每季度末增加公司赢利。"李自明显然有点生气，他不明白自己的导师在说什么。

"这些年来，我一直盼着你谈到这一点。"郭先生表情变得严肃起来，"我得到这个教训的时候，年事已高，已经太晚了。但是接下来，就我即将与你分享的经验而言，现在是你领悟并享有它的最佳时机。"郭先生说着掏出本子，刷刷地写下一句话。

◆要把时间用在自己喜欢的事情上。

李自明第一次见到郭先生这么严肃的表情，他忘掉了自己的沮丧，认真地去看那句话。

◆我发现把时间用在自己喜欢的事情上，比浪费时间讨好别人更让我快乐！

郭先生接着说："自明，如果我今天给你1000万，让你放弃工作，你会答应吗？"

"不会，我经历了那么多打拼换来的成功，不是1000万就会舍弃的。"李自明想了想说，"但是我确实想干点别的。我是说，我一步步地奋斗到了副董事长的位置，这让我非常开心，这种经历太棒了。但是，如果有机会的话，我还是想抽出时间写写东西。"

"完全正确！"郭先生面对李自明郑重地说，"你说到点子上了。大多数人，包括我在内，都有自己的一份事业或生意，赚了钱，但缺乏使命感。我们完全纠缠于日复一日的惯常动作以及生活中的种种挑战，而几乎没有充分发挥自己应有的潜能。"

李自明若有所思："当时认为是自己的目标的东西，实现后才发现本质上还是低层次的需求，只是到了这个阶段才发现。"

郭先生叹口气说："只有锁定梦想、追求梦想，我们自己的潜能才能得以充分开发。你现在完成了一个人生目标，发现过去的目标是自己的一个大的需求，而你的梦想就是你人生的使命所在。我给你看看这个东西。"郭先生说着取出了一张图表。"这是我想出来的'成功流程图'。"

◆满足基本需要；渴望获得赏识；享受某些奢侈品；制订目标；实现既定目标；成就感；发现使命，并锁定使命！

李自明看着图表，盯着自己的导师，他想知道自己到底应该怎么做。

"听好了，"郭先生强调道，"你一定要顺着这个图表听我所叙述的内容，这些是在工作中、生意中甚至生活中真正获得成功的秘诀。"

"秘诀？天啊，郭先生，我希望这次你的秘诀可以挽救我！"李自明真的是沮丧了，他竟然说出了"挽救"这个词，"快点说吧。"

"好像你还能叫我闭嘴似的！"郭先生开玩笑，"好吧，开始啦。我相信每个人都曾有过茫然的时候，一生中至少有一次，然后自问：'我为什么在这儿？我的人生总体规划呢？'你猜，谁能回答这个问题？"

"我自己！这个问题我能回答！"李自明沉声地回答。

"当然是你！而且只有你知道自己的能力和内心的感受。让我们一起来看看这个流程图的工作原理。从第一句开始往后读，它的起点是'满足基本需要'，因为我们得到的教导是生活必须依赖于此。

"我们刚长大成人时，生平第一次从家里搬出去，家人和社会并不鼓励我们寻找人生使命。他们只希望我们出去找份工作！因为只有这样，我们才能谋生，我们才能负担住房、交通和食物的消耗——换句话说，满足基本需要。"

管家递上来一大碗姜糖水，李自明连连道谢。

"基本需要得到满足后，我们就'渴望获得赏识。'"郭先生指着第二句说道，"我们会不断地跳槽，直到找到的工作让我们的付出获得承认，并得到应有的报酬。于是我们就会感到受到赏识。当然，就你而言，你除了暑假那次兼职，你的工作一直很稳定，你很幸运！"

"紧接着，"郭先生接着说，"当我们的薪水终于到了一个比较高的水平时，月底就会有一些余钱，我们就会用来购买'玩具'、下馆子、按摩，或者买一套高档西服，这就是所谓的'享受某些奢侈品'，也就是适当的自我放纵。"

"我喜欢这些享受，说真的。而且，这也是当时你说的给自己的一些奖励啊。"李自明说着咧嘴笑了起来。

"是的，你已经达到这一步了，而且也已经这样做了。其实，除了最后一步，其他的你已经都完成了。不过我还是要简要说说其他步骤，因为我希望你明白这个自然过程。"郭先生说。

"好的。"李自明说，"我听着呢，我也很想知道。"

"品尝到生活美味后，我们开始有意识地制订目标，以便能够享受更多的生活奢侈品。我们会确定一个希望达到的目标，然后实现这个目标，比如，获得升职、创办公司、购买轿车，甚至包括减肥、戒烟之类的非物质目标，你当时的目标不就是我的房子吗？这一阶段就是'实现既定目标'。一旦确定了目标，你就会为了它努力工作，全力以赴实现该目标。你成为了李兴公司的合作股东，你买下了自己的房子，你感到自己很了不起！"

"是的，当时我很开心！"李自明说，"此时我们获得了'成就感'。"

"是的，"郭先生点头认可，"这是一种成功的喜悦感。令人悲哀的是，故事通常到此就结束了。有很多人感到空虚难过，很多人错过了最重要的人生经验，错过了获得成功和幸福的真正秘诀，那就是……"

"发现使命！"李自明激动地打断了导师的话。

坚定的信念是践行使命的重要条件

要想践行自己的使命，坚定的信念是首先需要具备的条件。

郭先生微笑着点了点头："千万不要浪费哪怕一分一秒的时间担忧如何养家糊口，因为如果你做自己喜欢做的事情——你热爱的事情，那就不是工作，而是你的使命、你生存的意义。"

"哦，是吗？我现在已经不愁养家糊口了，我只想明白自己的使命，然后接着摆脱这种空虚。"李自明说，"那你是如何发现自己的使命的呢？"

"我给你讲讲我遇到的一位女孩的故事。她告诉我说，她刚刚获得了老年病学的硕士学位，就是研究和照顾老年人的学科。我问她为什么选择这种职业，她一口气报出了一连串数字：薪水有多高，福利有多好，发展空间有多大，等等。我心想，'她可能会取得成功。她确实非常优秀，不过，她可能只能奋斗到第四步——实现既定目标'。"郭先生对李自明说。

郭先生说："接着，我又问坐在女孩身边的朋友，她这辈子想做什么。她告诉我说，她也想从事老年人事业。我诚恳地询问她的原因。她的眼睛闪烁着喜悦的光芒，一副信心十足的样子。她语气坚定地向我讲述了她曾经看过的一部退休老人福利院的纪录片。

"她是这么说的：'该纪录片展示的场景非常可怕：有些老人被绑在床上，有的像木偶那样坐在轮椅上，在院子里无所事事。'她说她当场就决定要竭尽所能改善某些福利院退休老人的不公正待遇和凄惨的生活状况。"

李自明说："这个女孩有坚定的信念。"

郭先生说："她接着说，她的许多亲戚生活在全国各地的福利院，一想到他们过着这样的生活，她就感到很难受。她深信，如果有更多的年轻人从事这个行业，情况就会有所改变。

"'有一天我也会老，'她告诉我说，'活着的时候，我可不愿意被关进这种仓库式的收容所。你愿意吗？谁都不愿意！她微笑着继续说。'而且，走进老人福利院，如果能看见那些老爷爷、老奶奶，以及失去妻子或丈夫的老人们互相为伴，喜笑颜开，这是我最高兴的时候。他们只需要有人陪他们说话，让他们重新找到年轻时候的感觉，让他们充满活力！"

"接下来怎么样了？我认为第二位女孩到达的阶段会更高，对吗？"李自明说道。

"完全正确，"郭先生说，"她一早就找到了自己的人生使命。每天早上醒来后，她都会对自己从事的事业充满激情。她会感到这是自己来到这个世界上的使命！好了，回过头来再看看这个图表。一旦找到了人生使命，其他的步骤将会水到渠成、轻而易举。"

"请告诉我，这又是怎么回事？"李自明急切地问。

"当然会告诉你。"郭先生答应道，"找到老年人事业使命的那个女孩会有一种成就感，因为她非常热爱自己的工作。在自己选择的领域里谋到一份好工作，她会感到非常激动，充满热情。她的兴趣会激励她找到实现既定目标的办法。这种工作薪水很高、福利很好，还有购车补贴，因此她的生活会很舒适。"

"你认为她会得到公司的认可吗?"李自明问道，情不自禁地打断了郭先生的话。

"是的，"郭先生继续说，"在其他条件相同的情况下，由于她对自己的工作充满激情，她的上司肯定会提升她的。"

"有道理，和我想的一样!"李自明点头说。

"这会让她感到受到赏识。"郭先生进一步解释道，"最后，她工作之初所得到的报酬足够满足她的基本需要。她甚至可能进一步发展，成为老年人事业的企业家，拥有一家甚至数家退休老人福利院!"

真正的成功是取悦自己，而非取悦他人

在自己感兴趣且能够取悦自己的工作上努力，再努力。

"哇，看来很容易嘛。"李自明的沮丧一扫而空，他用手托着腮，若有所思，眼睛有些疲惫。

"没错! 一旦找到了自己真正喜欢做的工作，一切就会变得非常容易，因为……"郭先生的声音越来越轻，同时将一张卡片递给了李自明。"这是我后来发现的一张卡片，不知道是谁留在路边的。"

◆并不是为了取悦别人而做出选择，你的人生就会成功不断！只有你自己了解自己的使命！

"你是否想过，为什么80％的大学毕业生并没有从事自己所学的专业的工作呢？"郭先生抛出一个问题，"这是因为，大多数人上大学并非出自自己的意愿，也没有人指导他们选择自己真正感兴趣的专业。社会和家人告诉他们，哪些职业前景广阔——如医学、会计、法律、理科等，然后他们就去报考。但是他们对此通常毫无热情，甚至毫不知情。他们梦想的出发点是取悦他人，而不是听从自己内心的召唤。"

"这样理解，"郭先生看到李自明在思考，接着说，"迈克尔·乔丹——一个集优雅、力量、艺术于一身的卓越运动员，他重新定义了NBA超级明星的含义，他是公认的全世界最棒的篮球运动员，不仅仅在他所处的那个时代，在整个NBA历史上，乔丹都是最棒。在多数人眼中，迈克尔·乔丹是有史以来最伟大的篮球运动员，他的波澜壮阔而富有传奇色彩的篮球生涯，以及他对于这项运动的巨大影响力不可避免地让人们把他推上了神坛。优雅、速度、力量、富有艺术性、即兴创造力和无比强烈的求胜欲望的完美结合……乔丹重新诠释了'超级巨星'的含义。

"甚至同时期的超级巨星们都承认乔丹至高无上的地位。魔术师埃尔文·约翰逊说：'乔丹在顶层，然后才是我们。'但他所造成的影响远远不只这些荣誉和冠军，他已经变成了一个文化的象征。在他的篮球生涯中，他用场上使人眼花缭乱的表演和场下翩翩的个人风度征服了大众，他是当之无愧的王者。迈克尔·乔丹是每天去训练场上班呢，还是做自己喜欢做的事情？"

"可我并不像乔丹这样才华横溢、能力超强，每个人都像他一样，那么他就不那么优秀了！"李自明有些迟疑地反驳道。

"这不重要，"郭先生责怪道，"重要的是，他找到了自己的使命，而且全身心地去完成使命！想想他得到的赏识和成就感吧。他实现了有时看来不可能实现的目标。他知道，他这一辈子的基本需要都不会有问题，而且回报丰厚，生活舒适。"

挫折，是通往成功之路的必经之地 | 必先经受苦难，方成大器！

"不过，要注意，"郭先生耐心地接着说，"我并不是说在追求的道路上，他们没有经受过痛苦和挣扎——他们甚至有时要经受破产的打击。这就是所谓的'必先经受苦难，方成大器'！因此，当你已经拥有了自己的资本的时候，你还有什么好畏惧的？为什么不用追求自己的梦想的方式来经营人生呢？"

接着郭先生讲了一个很长的故事：

"哈兰·山德士出生于美国印地安纳州亨利维尔附近的一个农庄。家境不是很富裕，但也还过得去。然而就在他6岁那年，父亲去世了，母亲带着3个孩子艰难度日。为了生活，母亲不得不在外面接很多活来做，白天得去食品厂削土豆，晚上继续给人家缝衣服，自然就没工夫照料幼小的孩子，山德士是老大，他肩负起了照顾弟妹、为母亲分忧的重任。白天母亲不在家，小山德士只好自己做饭，一年过去了，他竟然学会了做20个菜，成了远近闻名的烹饪能手。

"他12岁那年，母亲再嫁，山德士和继父的关系不是很好，才念到六年级他就再也不想读书了，家里的空气憋闷无比，山德士决定去工作，重新换个环境。他来到格林伍德的一家农场做工，虽然辛苦，但也能维持个人温饱。此后他换过无数种工作，可以说什么活儿都尝试过，做过粉刷工、消防员、卖过保险，还当过一阵子兵，后来他还得过一个函授法学学位，使他能在堪萨斯州小石城当上一段时间的治安官。

"40岁的时候，山德士来到肯塔基州，开了一家可宾加油站，因为来往加油的客人很多，看到这些长途跋涉的人饥肠辘辘的样子，山德士有了一个念头，为什么我不顺便做点方便食品来满足这些人的需求呢？况且自己的手艺本来就不错，妻子和孩子也时常称赞。想到就做，他就在加油站的小厨房里做了点日常饭菜，招揽顾客。

"在此期间，山德士推出了自己的特色食品，就是后来闻名于世的肯德基炸鸡的雏形，由于味道鲜美、口味独特，很快炸鸡就受到了热烈欢迎，客人们交口称赞，甚至有的人来不是为了加油，而是为了吃可宾加油站的炸鸡。

"刚开始这样做的时候，山德士是为了扩大自己加油站的生意，但是现在炸鸡的名声反而超出了加油站，由于顾客越来越多，加油站已经容不下了，山德士就在马路对面开了一家山德士餐厅，专营他的拿手好菜——炸鸡。为了保证质量，山德士系上围裙动手烧炸，并投资扩建了可容纳142人的大餐厅。这样，他就创建了一个初级的炸鸡市场。以后的几年，他边经营、边研究炸鸡的特殊配料。

"到了1935年，山德士的炸鸡已闻名遐迩。肯塔基州州长鲁比·拉丰为了感谢他对该州饮食业所作的特殊贡献，正式向他颁发了肯德基州上校官阶，所以人们都叫他'亲爱的山德士上校'，直到现在。虽然生意不错，但山德士并不满足于这样的成就，他别出心裁，又进一步在饭馆旁边加盖了一座汽车旅馆。这样在著名的霍德华、约翰逊汽车旅店建成之前，山德士成为第一个集食宿和加油为一体的企业联合体。

"但随着顾客增多，山德士感到自己缺乏管理经验，为此他专门到纽约康奈尔大学学习饭店旅店业管理课程，这使他能够很好地解决以后面对的饭店管理问题，但是还有问题存在。随着山德士餐厅的名声越来越大、客人越来越多，要为那么多的顾客很快地炸好鸡，端上桌，不是容易解决的事儿。他总是一边手忙脚乱地为顾客炸鸡，一边听着急着赶路的顾客在旁边不停地抱怨。山德士为此烦恼不堪，该怎么办呢？就在这时，一次偶然的压力锅展示会给了他一个启发，压力锅可以大大缩短烹制时间，又不会把食物烧煳，这对于他的炸鸡而言是再好不过的事情了。1939 年，山德士买了一个压力锅，他做了各项有关烹煮时间、压力和加油的实验后，终于发现一种独特的炸鸡方法。这个在压力下所炸出来的炸鸡是他所尝过的最美味的炸鸡，至今肯德基炸鸡仍在使用这项使用压力锅的妙方。并且正如他所想象的，炸好一只鸡仅仅用了 15 分钟，时间短、味道好的炸鸡顿时成为当时大家谈论的热点，众多食客趋之若鹜，即便在 20 世纪 30 年代大萧条时期，山德士的经营依然红火。

　　"可是第二次世界大战的爆发给了他一次小小的打击，战争期间实行汽油配给，他的加油站关门了，从此山德士专心经营自己的饭店。然而外界的变化再一次威胁到他的安稳生活，新建横贯肯塔基的跨州公路计划最后确定并向大众公布了，山德士餐厅所在地旁的道路被新建的高速公路所通过，这对山德士是个巨大的打击，打乱了他所有的计划，他的雄心和热情一下子降到了冰点，他不得不变卖资产以偿还债务，所得的款项只相当于公路通车前的总资产的一半。为了偿清债务，他连银行的存款都用光了。一下子，哈兰·山德士这位昔日受人尊敬的上校，从人人尊敬的富翁变成了一个一文不名的穷人。这时的山德士已经 56 岁了，所能依靠的只是自己每月 105 美元的救济金。但是山德士并不想就此了却自己的一生，况且这点救济金根本不能维持生活，还是要靠自己。

"山德士冥思苦想该怎么做才能摆脱困境，他拥有的最大价值的东西就是炸鸡了，这是一笔巨大的无形资产。突然，他想起曾经把炸鸡做法卖给犹他州的一个饭店老板。这个老板干得不错，所以又有几个饭店主也买了山德士的炸鸡作料。他们每卖1只鸡付给山德士5美分。困境之中的山德士想，也许还有人想这样做，没准这就是事业的新起点。

　　"就这样，山德士上校开始了自己的第二次创业，他带着一只压力锅、一个50磅的作料桶，开着他的老福特上路了。他身穿白色西装，打着黑色蝴蝶结领结，一身南方绅士的打扮。山德士停在每一家饭店的门口，从肯塔基州到俄亥俄州，兜售炸鸡秘方，要求给老板和店员表演炸鸡。如果他们喜欢炸鸡，就卖给他们特许权，提供作料，并教他们炸制方法。开始的时候，没有人相信他，饭店老板甚至觉得听这个怪老头胡诌简直是浪费时间。山德士的宣传工作做得很艰难，整整两年，他被拒绝了1009次，终于在第1010次走进一个饭店时，得到了一句'好吧'的回答。有了第一个人，就会有第二个人，在山德士的坚持之下，他的想法终于被越来越多的人接受了。

　　"1952年，盐湖城第一家被授权经营的肯德基餐厅建立了，这便是世界上餐饮加盟特许经营的开始。紧接着，让更多的人惊讶的是，山德士的业务像滚雪球般越滚越大。在短短5年内，他在美国及加拿大已发展了400家的连锁店。1955年，山德士上校的肯德基有限公司正式成立。与此同时，他接受了科罗拉多一家电视台脱口秀节目的邀请。由于整日忙于工作，他只找出唯一一套清洁的西装——白色的棕榈装，戴上自己多年的黑框眼镜，出现在大众面前。他的形象很快就吸引了众多记者和电视主持人，70岁的山德士被吵嚷着要同他合作的人团团包围，要买特许权的餐馆代表还在蜂拥而至。为此他建起了学校，让这些餐馆老板到肯德基来学习怎样经营特许炸鸡店。

　　"1964年，一位年仅29岁的年轻律师约翰·布朗和60岁的资本家杰克·麦塞等人组成的投资集团被山德士的事业深深打动，他们想用200万美元来购买该项事业，在当时这是笔不小的数额，虽然心中极为不舍，但考虑到自己已经 74 岁了，山德士还是同意了，把接下来的事业交给下一代去做。"

李自明听完这个长长的创业故事，久久不语。

"我明白其中的区别了，"李自明说，"一文不名、辛辛苦苦只为满足基本需要，却又不知道自己的人生方向，这是一回事。可是，当你破产的时候，你却完全清楚自己的人生方向，这完全是另外一回事。就好像周星驰《喜剧之王》里的那个角色，他是一位演员，做了很多跑腿的事情，经历了无数次试演，吃了许多闭门羹。但他一直明白，这是为实现目标、实现使命所必须经受的挫折！他说：'其实我是一个演员'！"

"基本上是这样！"郭先生笑着回答。

听从内心使命的召唤

早上醒来首先想到的不是工作任务，
而是人生使命，
你就必须听从内心的召唤。

"可是，老师，我拖累太多，无力改变职业了。我要赚钱养家，就像当初您说的不得不做一样！我必须要完成工作任务，我得为太太和两个孩子考虑。我的生活千头万绪，现在已经无力改变了。"李自明说。

"无力改变？"郭先生重复他的话，"看看这个。"他又将一张卡片递给了自己的学生。

◆你认为事情是什么样就是什么样，因为事情就是你认为的样子！

"自明，"郭先生放低声音说，"这就如同亨利·福特的话：'认为自己能行，你是对的；认为自己不行，你也是对的。'你还很年轻，你所取得的成功许多人一辈子连想都不敢想。你应该知道这个典故，古代有个人担心天会塌、地会陷，自己无处存身，便食不下咽、寝不安席。另外又有个人为这个人的忧愁而忧愁，就去开导他，说：'天不过是积聚的气体罢了，没有哪个地方没有空气的。你的一举一动、一呼一吸，整天都在天空里进行，怎么还担心天会塌下来呢？'那人说：'天是气体，那日、月、星、辰不就会掉下来吗？'开导他的人说，'日、月、星、辰是空气中发光的东西，即使掉下来也不会伤害什么。'那人又说，'如果地陷下去怎么办？'开导他的人说：'地不过是堆积的土块罢了，填满了四处，没有什么地方是没有土块的，你行走、跳跃，整天都在地上活动，怎么还担心地会陷下去呢？'经过这个人的解释，那个人才放下心来，很高兴；开导他的人也放了心，也很高兴。他的解释虽然不对，但是这种无所谓的担心很多人都会有。我们提前担忧是没有用的。"

李自明说："我的担忧多余吗？每个人的事情都告诉我，这是真的。"

郭先生说："你看过一些灾难片吗？《2012》末日图景太真实，地动山摇、洪水滔天、摩天大楼纷纷塌陷。由于影片特效逼真，加上引用了古代玛雅历法的背景，一时间竟令不少影迷信以为真。对此，美国宇航局郑重其事地声明'2012年12月21日绝非世界末日'，并呼吁观众切勿因沉迷科幻电影而杞人忧天。影片中展现了一系列令人震撼的场景，譬如约翰·肯尼迪号航母被巨浪掀翻后撞向白宫；金门大桥应声断裂……《2012》预告片更是神秘兮兮地表示：'玛雅人早就警告过我们，2012年会是世界的末日，地球并非人类所有，人类却是属于地球所有。'你会相信这些吗？"

李自明对郭先生举的例子哑口无言。

"要获得真正的人生快乐——早上醒来首先想到的不是工作任务，而是人生使命，你就必须听从内心的召唤。你还有很多时间来改变人生方向，但只有你自己知道哪条道路是最佳选择！"

"可我的家人怎么办呢？"李自明问，"要是我的太太反对我改变职业呢？要是我无力供养孩子呢？"

郭先生说："你现在有资本，你怕什么呢？有很多人很大年纪了，依然在努力！"

"一旦看准了目标，并朝着目标采取行动，"郭先生肯定地说，"你就会发现，你的太太十之八九会支持你，你的孩子也会一如既往地爱你。"

再次调整自己的心态

> 我们成功的程度，
> 是由我们实现自己的使命
> 以及帮助他人取得的成就来衡量的。

"从这点来说，一切都不会改变，甚至会变得更好。唯一改变的，是你再也不用忍受自己并不喜欢的工作的折磨。于是，你会行动起来，去做让自己心动的事情。我知道，你有很多自己的经验记录，都可以贴满你办公室的墙壁了，不过，这一条经验对此作了精妙的总结。"郭先生的口气有些缓和。

◆不要局限在拖累中，你的使命会得到支持！

"下面就是一个有关态度转变的例子——情况相同，反应却不相同。当你初涉爱河的时候，恋人近乎完人，对吧？"郭先生问，眼中闪过一道亮光。

"就算对方将饮料弄洒了，你也觉得你的女友很可爱。如果她不小心撞了你的脑袋，你们会开怀大笑。"

李自明似乎回忆起了什么，嘴角有一丝微笑。

郭先生接着说："可是6个月后，如果她弄洒了饮料，你可能会火冒三丈。更不可思议的是，她还会怪罪于你！你会很不客气地和她吵一架！如果你的恋人不小心碰了你的脑袋，你会认为她笨手笨脚。我没说错吧？"

"没错。"李自明大声笑着说。

"什么改变了呢？同样的情况，同样的场景，不同的只是人们的看法。生活中的大小事情都是如此。"郭先生耐心地说道。

"以为自己得了什么疾病，却是虚惊一场，走出医生办公室后，生活顿时变得更加美好，不是吗？"

"我所说的积极变化同样如此——购买了新车、新房，获得晋升，哦，还有最大的变化，那就是初为人父人母。还记得你当时是多么幸福吗？"郭先生自己也激动起来。

"记得，"李自明愉快地回答，"说到这里，我想起来了，我带来了我女儿的照片。"

李自明掏出了钱包，迅速地抽出两张照片，3个人聚在一起，看着李自明可爱的孩子，郭先生不停地发出"哇""啊"的赞叹声。

"还是继续上课吧，"郭先生经过李自明同意，把照片镶嵌在自己的两个相框里，接着严肃地说，"我们刚刚谈到的恋爱的双方很有讽刺意味：生活似乎变了，但其实根本没有任何变化！你说呢？可能因为某种原因，你的态度发生了改变。仅此而已！退一步说，即使你的生活真的发生了变化，也没有什么大不了的！只要我们事事往好处想，同时在必要的时候做出改变。"

"生活中时时有变化，处处有机会。生活幸福的关键在于我们对事物的态度。我说得对吗？"李自明问道。

"说得没错，自明。"郭先生笑着高声说道，"现在，设想我们大部分时间都生活在愉快的状态中：人人友善，花儿吐露芬芳，鸟儿动听地歌唱，天空一片湛蓝，等等。"

"每时每刻都快乐？"李自明有些不确定地问。

"啊，是的，这就是好消息。"郭先生继续大声地回答，"生活就是这样！我们只需作出选择！知道原因吗？我刚才和你说什么来着？"

"你认为事物是什么样，那它们就是什么样，因为是你认为事情就是那样的。"李自明念道。

"任何时候，哪怕是无意之中被撞了一下，也会充满浪漫和快乐——想想吧。"郭先生开玩笑道，"如果有人惹我生气，或是某件事情不合我意，我会想起生活中美好的事情。我知道，万事皆有因。也许是因为他们心情不好，也许是因为他们身心疲惫、压力重重。人们通常并没有恶意。"

"很有可能，"郭先生微笑着继续说，"我很快就意识到，情况并没有我起初想象的那样糟糕，只是我自己把事情看得那么糟糕，我只需改变一下看待事物的角度，更加灵活、宽宏大量。"

"毫无疑问，我也犯过很多错误！每个人都犯过错误！如果我中了大奖，或者在棒球比赛第九局快结束时击出本垒打，我还会那样在意眼前的烦心事吗？我肯定不会！你能够明白其中的道理，对吧？"

"隧道尽头总有光亮，"李自明点点头赞同道，"因此，我们应该将注意力集中在光亮上，关注事物的光明面。证据不足，就应作无罪推定。我学到了这些。"

"很好，我很高兴你能够明白。半杯水的理论我想你也听说过，这个玻璃杯从不同方式看，可以是半满的，也可以是半空的。可以说，水平面并没有多大变化，不同的是我们看待玻璃杯的方式。"郭先生转动着那只装有半杯茶水的水杯说。

郭先生说："说到这里，我想起了公司里的一个名叫刘杰的伙计。他是一个很不错的人，在公司已经工作了很久。他的人生目标就是 65 岁退休后，拿养老金开一家酸奶冷饮店，就跟我家门前的店差不多。"

"他真的做到了。他喜欢推出新口味的冰激凌，喜欢大人小孩们到店里聊聊天。他的梦想实现了，他的店里顾客盈门——而且都是老主顾。他'退休'一年半后，他的女儿就开了一家分店，后来他的太太和两个妹妹也开了一家分店。如今他们共有 11 家冷饮店，现在是他一生中最快乐的时光！"

"哦，这个贴近我们的生活！让我觉得不那么遥远！"李自明评论道。

"我原来也这样认为。但是，现在，我开窍了，"郭先生说，"如果我这位朋友不是等到在公司干了很久而是干了 5 年就开冷饮店呢？要是他意识到自己的使命，就马上行动呢？那他如今会拥有多少家店呢？他会多出多少年做自己喜欢做的而不是自认为'应该'做的事情呢？"

李自明慢慢露出了笑容，同时郭先生的脸上也慢慢露出了笑容，郭先生说："自明，这是关于使命我送给你的最后一句话了。我已经将我所知道的都教给了你。现在，你该运用这些经验做出选择并采取行动了！"

李自明低头看着桌子上郭先生正在写的话，读了起来：

◆全身心地投入生活！

他望着自己的老师，露出了微笑。他突然明白了，他将实现自己的人生使命："我们最终成功的程度，是由我们实现自己的使命，帮助他人取得的成就来衡量的。是这样吧，老师。"

青春感悟

◆我发现把时间用在自己喜欢的事情上，比浪费时间讨好别人更让我快乐！

◆满足基本需要；渴望获得赏识；享受某些奢侈品；制订目标；实现既定目标；成就感；发现使命，并锁定使命！

◆并不是为了取悦别人而做出选择，你的人生就会成功不断！只有你自己了解自己的使命！

◆一文不名、辛辛苦苦只为满足基本需要，却又不知道自己的人生方向，这是一回事。可是，当你破产的时候，你却完全清楚自己的人生方向，这完全是另外一回事。

◆你认为事情是什么样就是什么样，因为事情就是你认为的样子！

◆不要局限在拖累中，你的使命会得到支持！

◆全身心地投入生活！

Part 10
财富的分享，需要奋不顾身的担当

在上一章中我们已经找寻到了人生中的重要使命，那么，当我们积累了大量的财富后，对这些财富又该如何处理？是挥霍无度，还是投身公益？是留给后代，还是投身慈善？财富需要分享，而财富的分享，需要我们拿出奋不顾身的担当。

乐善好施，能服于人

助人者，
人恒助之！

翌日，一场大雨过后，晴空万里，李自明醒来后，在郭先生家的花园里散步。忽然他想到一个很久之前就想问郭先生的问题，郭先生此时来到花园里晨练。

李自明笑着说："郭先生早，我有个问题想问您。"

郭先生说："问吧，你问的问题还少吗？"

李自明说："您为什么教授我们课程？为什么做我们的老师呢？"

郭先生说："哈哈，你终于还是问我这个问题了，但是在回答这个问题之前，我还是先和你讲讲一些成功人士的故事吧。他们都和你一样，经过自己的努力，成功实现了自己的目标，得到了自己的财富。"

两个人坐下来，管家这个时候做好了早点，送上来和两个人一起吃。

郭先生问道："自明，你觉得你的财富属于谁？"

李自明被这个问题问得茫然了："我的财富属于谁？"

郭先生说："你可能在想，你的财富肯定属于你啊。那么，我们今天就来看看，这个想法最后会上升到一个什么层次。拿破仑·希尔说：'金钱永远只是金钱，而不是快乐，更不是幸福。'"

李自明说："我知道金钱之外还有更可贵的东西，也就是昨天说到的使命感吧。"

郭先生说："我昨天给你讲到的那个养老院的事例，第二个女孩子发现了自己的使命。她实现了一种方式，那就是：金钱与善举同行。所以她是幸福和快乐的。"

郭先生接着说："金钱与善举同行，用你自己的财富助人为乐，如此你就拥有了人间最美好的情感。那么从这个角度来讲，你个人的财富取之于社会，理应用之于社会。当你个人的财富达到了一定数量时，从某种意义上说，这个财富就不仅仅是属于你个人的了，而是属于整个社会的。"

李自明吃了一口早餐说："老师的意思是说，当一个人的财富达到了一定数量时，他就应当回报社会，与社会共享自己的财富？"

郭先生说："很对。来看这句话：

◆助人者，人恒助之！

李自明忽然叫道："哎？我的本子……没带来，我记得有句话应该是，自助者，天助之！"

郭先生说："两句话都很重要，这句话的意思我想大家都知道。帮助别人的人往往会得到更多人的关注和认可。你用你的财富换来的不仅是良好的公众形象，重要的是你的内心可以得到更多的快乐和幸福。"

管家起身走进屋里，拿回来一本书，李自明说："管家大叔，你总是能找到郭先生要说的例子。"

郭先生接过书对李自明说："很多人都这样说：金钱是万恶之源。"说着郭先生翻开书，其中一页写着：爱财是万恶之源。"这两句话虽然只有两字之差，含义却有着很大的差别。"

李自明点点头，认真地听郭先生说："实际上金钱可以帮助人生活得更好，使人们生活得更优越，给予你娱乐、教育、旅游、医疗的物质条件，以及你稳定的信心。"

李自明说："对！如果退休后有足够的物质保障，我就可以更充分地享受生活。"

郭先生说："事实上，以往的经验证明：金钱对任何社会、任何人都是重要的；金钱本身对人们是有益的，它使人们能够从事很多有意义的活动。

"许多人在创造财富的同时，也在对他人和社会做着贡献。其实'救济贫困，助人为乐'是人世间最美好的情感。你会最终发现你的使命就是要帮助他人，和他人分享你的成功。而你本人在帮助他人、造福他人的义举中，无疑会得到心灵上的升华，得到一种精神上的慰藉。这是一种心理上的满足，这时你就不会这么沮丧，相反会感到心灵上最大的幸福。"

李自明说："是这样啊，我看过一个报道，说许多成功者大都是乐善好施者。这些人大都热心于公益活动和慈善事业，常常投资或提供赞助资金，修建育婴堂、孤儿院、老年福利院，为残疾者办福利工厂等。

"在各种捐资助款的慈善活动中，在各种赈灾义演的场合里，我们经常可以看到他们的身影。"

他接着说："他们这样的行为实际上并不难理解。他们都懂得理财，而且他们认识到乐善好施与拥有财富并不矛盾，这是两种完全可以统一起来的优秀品质。

"你的财富可以表现你的致富能力，你的乐善好施可以表现你对待金钱的使用态度。当然，你的财富不能决定你对待金钱的态度，但可以为其提供财富上的支持；乐善好施则体现出你的仁爱之心，为你使用金钱找到了最好的出路。"

管家拿上来一份调查报告，李自明看到这是几十位成功者一年中的 30 项活动的排序表。李自明说："参加公益活动和筹集慈善资金分别高居第三位和第五位啊!"

郭先生说:"是啊,这表明了什么呢?这说明在现代成功人士的生活中,公益活动、慈善事业占据着相当重要的地位。"

树立正确的财富观

要树立正确的财富观,
让财富与善举同行。

吃完早餐,郭先生对李自明说:"有一则古老的寓言,我想你应该没有听过:有一位成功者有3个朋友:第一个是相知甚深的莫逆之交;第二个招人喜欢,但与他相处得不如第一个亲密;第三个是时常往来,却对他不大关心。上帝要召见这位成功者,成功者心中有些惊慌,于是请3个朋友与他一起去见上帝。他去请那个莫逆之交的朋友一同前往,结果遭到干脆的拒绝,连个理由都不找。他又去请第二个朋友,这第二个朋友倒还算爽快,说我陪你到天堂门口,然后你自个儿进去,怎样?第三个朋友接到请求,说:"好哇,你又没有做什么坏事,根本不用害怕,我陪你去见上帝,我完全可以替你做证。"3个朋友身份不同,态度也就不同。第一个朋友是财产,无论你多爱它,它也不能到死随着你;第二个朋友是亲人,他们可以送你到火葬场,但安葬完毕之后,他们会立即掉头回家;第三个朋友是善行,平日虽不很显眼,但是死后却永远跟随着你。

李自明笑笑,说道:"还有另外一个故事,是我亲身经历过的:有个星期天的中午,朋友约我吃火锅。刚进火锅店,大雨便倾盆而至。我们吃着火锅，喝着啤酒，惬意地闲聊着。这时，一个老人从玻璃门外蹒跚着走了进来，浑身上下淋得透湿，衣服和裤子都往下滴着水。老人的头发已白了九成，瘦骨嶙峋，在火锅店金碧辉煌的大厅里，他的身子瑟瑟发抖，眼里露着怯怯的光。他在那里站了很久也努力了很久，终于鼓足了勇气，试探着向火锅桌旁靠拢，向人们推销他提篮里的鸡蛋。嘴里不停地说：'这是土鸡蛋，真正的土鸡蛋，我一个一个攒了很久……'在有小孩的桌上，他甚至做起了小孩子的工作，努力地笑着，说：'好鸡蛋，让你爸爸妈妈买吧。'连不满周岁的孩子他也没放过。但吃火锅的人们显然没兴趣听完他的广告，一挥手把他呵斥开，像呵斥一个乞丐。他'巡逻'完三十几桌火锅之后，鸡蛋依然原封不动地躺在篮里。

"当他向坐在角落的我们走来时，店里的小工跑过来，连推带搡地将他送回了瓢泼大雨中。我从他的眼中看出了焦急之后的深深绝望，或许他家正有一个急需用钱的理由使他不得不在这个雨天里出来卖鸡蛋。老伴病了？孩子要交学费？或者仅仅是为了能给小孙子买几颗糖？我偷偷溜出去，将他的鸡蛋全部买了下来，我用 30 元钱买得了一个老人的感激涕零。他语无伦次，哆嗦着手要找我零钱，我没多说什么，把他劝走了。当我拿着一块蓝花布包着鸡蛋回到桌旁时，朋友们都笑了，笑我善良得幼稚。

"桌上的话题遂转为对我的批评教育。他们讲卖假货的小贩如何用可怜的外表欺骗人们的善良；讲自己好心得到的恶报；讲乞丐们的假伤口和真富裕。他们一个个苦口婆心，像是怕儿子变坏的孟母。我没想到自己会受到如此隆重的批判，憋了很久，终于忍不住大吼一声：就算被骗，也不过 30 元钱。你们想过没有，如果他是真需要钱，这该是多么大的一个安慰啊。"

郭先生投来赞许的目光说道："其实，我们每个人都有我讲到的故事里的 3 个朋友。对这 3 个朋友，我们要用正确的态度分别对待。不要刻意追求金钱，它不会跟我们走；要善待你的亲人，对他们充满爱；一定要和善举结伴同行，这是一种人生生活的大智慧。金钱只是身外之物。在如何使用金钱方面，很多富豪都表现出了高尚的情操。"

郭先生说："这些富豪们之所以如此，是因为他们理解'让财富与善举同行'这个道理。他们认为人世间除了金钱以外，还有更可贵的东西。"

李自明说："当我利用金钱帮助别人，改善他们的生活时，就是让自己知道有很多东西是比金钱更珍贵的，这是我的使命所追求的。"

郭先生说："只关心自己的人，只能是孤独、不幸且沮丧的。如果你的注意力只集中在自己身上，那么你只能是孤独的。"

"'治疗'失落感的最好方法，就是关心别人！这是一种很简单的方法，伤心和沮丧的人，通常都是只将注意力集中在自己身上。他们如果把注意力集中在帮助别人上，就可以走出悲伤的情境。因为他们在帮助别人的同时，也就是在帮助自己。"

做个快乐的成功者

个人和财富的真正价值最终是要通过对社会的回馈来实现。

郭先生说："所以说，一个人有助于他人，这样你的内心才会充满喜悦、快乐。你如果可以对每个人怀着善意，对每个人都抱着友善的态度，那么由此产生的喜悦和快乐就会令你感到成功与幸福。"

李自明说："就是说我有所'给予'和'付出'，才能有所取得。与他人分享自己的成功，我们的生命才能充实。"

郭先生哈哈笑道："你说得对！我给你讲一个关于洛克菲勒的故事。

"在宾夕法尼亚州，有一段时间，当地人最痛恨的就是当地首富洛克菲勒。被他打败的竞争者都希望将他吊死，每天都有充满恶毒咒骂的信件如雪片般涌进他的办公室，威胁要取他的性命。他雇用了许多保镖，防止遭人杀害。洛克菲勒试图忽视这些仇视怒潮，有一次他曾以讽刺的口吻说：你尽管咒我骂我，但我还是按照我自己的方式行事。但洛克菲勒最后还是发现自己毕竟也是凡人，无法忍受人们对他的仇视，也受不了忧虑的侵蚀。他的身体开始不行了，疾病从内部向他发动攻击，令他措手不及，疑惑不安。起初，他'试图对自己偶尔的不适保持秘密'，但是，失眠、消化不良、掉头发、烦恼等病症却是无法隐瞒的。最后，他的医生把实情坦白地告诉他。他只有两种选择：财富和烦恼，或是性命。他们警告他：必须在退休和死亡之间作抉择。他选择退休。但在退休之前，烦恼、贪婪、恐惧已彻底破坏了他的健康。美国最著名的传记女作家伊达·塔贝见到他时吓坏了。她写道：'他脸上所显示的是可怕的衰老，我从未见过像他那样苍老的人。'

"医生们开始挽救洛克菲勒的生命，他们为他立下 3 条规则——这是他以后奉行不渝的 3 条规则：

"避免烦恼。在任何情况下，绝不为任何事烦恼。

"放松心情。多在户外做适当运动。

"注意节食。随时保持半饥饿状态。

"洛克菲勒遵守这 3 条规则，因此而挽救了自己的性命。退休后，他学习打高尔夫球，整理庭院，和邻居聊天、打牌、唱歌等。"

"但他同时也做别的事。温克勒说：'在那段痛苦至极的夜晚里，洛克菲勒终于有时间自我反省。'他开始为他人着想，他曾经一度停止去想能赚多少钱，开始思索那笔钱能换取多少人的幸福。"

"1897 年后，他的生活重心渐由商场转向慈善事业。1900 年，洛克菲勒提供了 8000 万美元给芝加哥大学，让当时这个小小的学校成为世界级的顶尖大学。洛克菲勒也对耶鲁大学、哈佛大学、布朗大学提供过资助。他 1902 年设立的通才教育董事会，宗旨是为了推进美国每一个角落、每一阶层的教育，尤其是南方黑人的教育。"

"他成为第一位对现代科学医药的巨大捐资者。1909 年，他成立了 Rockefeller Sanitary Commission，该机构之后根除了钩虫病这个长年来危害南方甚大的疾病。1913 年，他成立了洛克菲勒基金会，继承并扩大 Sanitary Commission 的工作，并在 1915 年将之结束。他对该机构给予约 2 亿 5 千万美元，主要涉足公共卫生、医疗训练与艺术领域，并活跃至今。洛克菲勒一生总共捐助了约 55000 千万美元于慈善事业。"

"洛克菲勒深知全世界各地有许多有识之士进行着许多有意义的活动，但是这些高尚的工作却经常因缺乏资金半途而废。他决定帮助这些开拓者，并不是'将他们接收过来'，而是给他们一些钱来帮助他们完成工作。

"今天，你我都应该感谢洛克菲勒，因为在他的资助下，研发和大量生产了盘尼西林以及其他多种治病新药，使很多孩子不再因患脑膜炎而死亡，使很多人治好了疟疾、肺结核、流行性感冒、白喉和其他危害世界各地的疾病。洛克菲勒的事业先是一段漫长而充满争议的商业历程，之后是一段漫长的慈善历程，他在人们心中的形象是非常复杂的。

"洛克菲勒把钱捐出去了，终于感觉满足了。晚年的洛克菲勒十分快乐，完全不再烦恼。他成了真正快乐的富豪。"

李自明说："真正的富豪，原来是这样，我明白了。"

播种财富，收获幸福

将财富要像种子一样播下去，这会为我们带来百倍、千倍甚至千万倍的收获。

李自明说："我明白，如果说赚钱是一个人奋斗的目标，那么，如何使用就是这个人的智慧。真正富有的人都是那些懂得合理支配财富的人，他们既有能力赚钱，又懂得如何支配财富。一毛不拔的吝啬鬼或者挥霍无度的奢侈者都不是真正懂得支配财富的人，也不是真正富有的人。"

郭先生说："这个世界已经给我们提供了太多的消费渠道，不是吗？商店里琳琅满目的商品、媒体上触目可及的广告、街上各种各样的店铺……但是，改善物质生活并不是花钱的唯一途径，也不是最重要的途径，更不是使财富发挥更大效用的最佳方案。"

李自明说："我现在明白了，为什么世界上有很多富有的人，而得到人敬重的却不多的原因。富有的人中，很大一部分只懂得挥霍无度，甚至以为自己高人一等，缺少精神上的能力，还瞧不起别人。他们不懂得如何使用自己的财富。"

郭先生说："有没有看过这个人的介绍？已去世的英国伯爵约翰·哈维，生前共花费了 3000 万英镑用来吸毒和购买生活奢侈品。虽然他生前曾承认，自己在不到 10 年间就花了 700 万英镑，但外界认为这个数字太过保守。

"1999 年 1 月，年仅 44 岁的伯爵因吸毒过量在自己家中去世。曾经富甲一方的伯爵家族至少为他留有数千万英镑的财产，但经过评估，他的身后资产只剩下 5000 英镑！偌大家产在支付完葬礼费用后已所剩无几。

"其实，伯爵也曾在石油、地产等方面投资，但是，他的生活开支远比生意收益要大得多。吸食毒品就是他的'爱好'之一。英国警方曾在其庄园里搜出大批可卡因和其他毒品，他为此进过两次监狱。

"虽然享有贵族头衔，但他因为生活不检点，曾被澳大利亚政府驱逐出境，成为笑谈。他举办豪华舞会，收集经典跑车在庄园中疾驶，和朋友们躺在游艇上享受悠长的假期，伯爵就这样挥霍着生活。不过，他显然低估了自己的花钱速度。

"他给 25 岁的弟弟留下一笔基金，实际上只是一个空头账户而已。他生前立下遗嘱，要留给他的密友 10 万英镑，还要支付 2.5 万英镑给司机兼管家托马斯·福雷，以感谢他的忠心。不过，一位家族成员对媒体说：'这份遗嘱也只是一张空头支票，因为他已经耗尽了所有家产。'伊克沃斯庄园'，这个方圆 4000 英亩的庄园曾是伯爵家族几个世纪以来的居所，可如今，它的主人保不住它了，它已经成了国家财产，被划归为英国历史文化遗产基金会。我们不期望伯爵还能为这个家族留下些什么。他有着乐于炫耀的性格。他任性了一辈子，并且得到了他想得到的一切，虽然他只活到 44 岁。"

"天啊，他是怎样的一个人！"

郭先生的故事被李自明打断。

郭先生说："他的败家并不是天生的。翻翻这个家族的历史，里面写尽了荒唐事。他的曾祖父，也就是伊克沃斯庄园的建造者，就是英国历史上有名的荒唐之人。这位担任过地方主教的老伯爵，曾要求教会高级成员在海滩边弯腰排成一列，依次从前面人背上跳过去，相互追逐，并以此作为挑选副主教的依据。在罗马观见教皇期间，他将一盘热腾腾的意大利面从住所窗口随手掷出并伤及无辜。理由是街上人群的喧闹让他听不见远处的钟声。伯爵的父亲是有名的花花公子。他最为人唾弃的劣迹是曾先后与 12 个葡萄牙修女有染。"

李自明无奈："看来，伯爵的一生只是在上行下效而已。"

郭先生说："他是家族最后一个败家子，可绝不是最后一个惹祸能手。他的妹妹曾在伦敦购买价值 2.9 万英镑的珠宝却拒不付款，控方将她告上法庭，最终被判入狱。此外，她还被伦敦希尔顿酒店起诉过，因为她拖欠酒店 4 个月、超过 1 万英镑的房费。看来，这位伯爵家族的荒唐事很有可能在她身上延续，这个家族的故事也不会在人们的谈资中消失。"

李自明说："按老师您说的，我大概计算了一下，我的钱应分作 4 份。第一份用于日用开支；第二份用以投资增值；第三份用以储蓄，以备不时之需；第四份用以慈善事业，和他人共享我的财富。"

郭先生说："嗯。你要知道你的使命感在哪里。你不是说想要写东西吗?"

李自明说："我写东西能帮助别人吗?"他挠挠头，疑惑地问。

郭先生说："书是你的精神财富！哲学家西塞罗曾经说过：'追求财富的增长，不是为了满足一己的贪欲，而是为了得到一种行善的工具。'"

李自明感慨道："一味地享用财富，总会有耗尽的一天。"

郭先生笑道："财富要像种子一样播下去，哪怕只有一粒之微，它也会为我们带来百倍、千倍甚至千万倍的收获。"

学会分享，学会激励

一个人的真正人生价值的实现
就是要学会分享，
分享的内容包括财富和成功的经验。

这天下午，李自明和郭先生告别。这天的阳光很好，李自明再度离开了自己事业起步的这个城市。

10年前，李自明和自己的同学来到郭先生的别墅，每个人都在为这栋别墅惊艳，而那次的课程——谈论人生使命——彻底地改变了李自明的人生。

李自明回到自己奋斗的地方，他先马不停蹄地回到了家里，他的妻子看着消失了3天的他终于回来了，松了一口气。他和妻子聊了很久，下决心让一个认为可以信任的下属接替他在公司的工作，自己则开始实现写作理想。李自明如今有了空闲的时间，开始写自己的第一部书。

他的著作在全国各地的书店里被抢购一空。他有更多的时间与家人待在一起，关注着孩子的成长。不仅如此，李自明的交际面在不断扩展，过去几年中，他和听说过的那些著名人士渐渐有了交集。李自明不但成了畅销书作家，还着手创办了自己的出版公司。

这一天李自明又回到了郭先生所在的城市，他今天和郭先生约好一起吃饭。他们已经很久没有见面了，李自明现在很想见见自己的这位老朋友。

李自明走进饭店的包间，服务员指了指他，低声说着什么。李自明很不习惯人们把他当作成功人士来看，他一直觉得自己就是一个普通人。

郭先生和管家这对多少年没有分开的老搭档出现在了包间门口，郭先生开玩笑似的对李自明说："你似乎成了名人了。"

"你最近出的那本书，我很喜欢。"坐下后，郭先生夸奖道。点好菜，郭先生对李自明说，"你应该多用点儿篇幅来写那位不爱说话但总是可以拿出大家需要的东西的管家。"

管家哈哈一笑："自明，你的书写得真棒！我买了一本送给我的孙子。"

"人人都是评论家了。"李自明开玩笑道。

"老师，我不得不告诉你，"年轻的作家对他的导师恭维道，"我真的是由衷地感谢您！您对我的所有教导都带来了回报！我除了有原来的子公司，还有了自己的出版公司，我接受了您的建议，授权给正确的人管理公司的事务，现在我不再操心了！我现在做着自己想做的事情，我有很多时间和我的家人待在一起，真的很幸福。"

"我准备在我的下一部书里附上您对我的每次教导，以及我的所有亲身经历和它们对我的意义。这部书销售所得的收入将捐赠给由您命名的慈善事业。"李自明自豪地说道。

"我得说，这是一件很好的礼物。"郭先生沉默了一会儿，说道，"书的收入捐赠给慈善事业，你真的成功了，自明！"

李自明说："现在，您可以回答我的问题了吧？您为什么教授我们课程？为什么做我们的老师呢？"

郭先生哈哈大笑，然后递给李自明一张邀请函，正是李自明的母校的邀请函，邀请他去做一个班级成功课程的导师。

李自明看着自己手里的邀请函，高兴得孩子般咧嘴笑了起来："是这样啊！我决定仿效您当年的做法，这是与他人分享您给我的指导的最佳方式。那么我以后也是一位导师了。这样，我现在应该去您的别墅区再买一套房子！"

……

又是美好的一天，几位来自某大学经贸学院的学生要去拜访他们的新导师。他们第一次来到新导师的家，眼前的景象让他们激动不已，导师的住宅是一栋豪华的别墅，这让他们对这个未曾谋面的新导师充满期待。

"这是真的吗？好漂亮的别墅啊……"

就在大家议论纷纷的时候，一位管家出门来迎接他们："李自明先生在客厅，请几位同学过去吧。"

青春感悟

◆李自明说："我知道金钱之外还有更可贵的东西，也就是昨天说到的使命感吧。"

◆助人者，人亦助之！

◆对这3个朋友，我们要用正确的态度分别对待。不要刻意追求金钱，它不会跟我们走；要善待你的亲人，对他们充满爱；一定要和善意结伴同行，这是一种大智慧。

◆李自明说："我有所'给予'和'付出'，才能有所取得。与他人分享自己的成功，我们的生命才能充实。我要想快乐，就应让金钱体现它的社会价值。"

◆钱不是万能的，不要因为钱而丢掉原本善良的个性、丰实的内心，以及你享受生活的乐趣。

◆第一份用于日用开支；第二份用以投资增值；第三份用以储蓄，以备不时之需；第四份用以慈善事业，和他人共享我的财富。

图书在版编目(CIP)数据

那段奋不顾身的日子,叫青春 / 浩子著.—北京:
中国华侨出版社,2015.11 (2021.4重印)

ISBN 978-7-5113-5750-2

Ⅰ.①那… Ⅱ.①浩… Ⅲ.①成功心理–通俗读物
Ⅳ.①B848.4–49

中国版本图书馆 CIP 数据核字(2015)第258320 号

那段奋不顾身的日子,叫青春

著　　者 / 浩　子
责任编辑 / 严晓慧
责任校对 / 孙　丽
经　　销 / 新华书店
开　　本 / 787 毫米×1092 毫米　1/16　印张/18　字数/270 千字
印　　刷 / 三河市嵩川印刷有限公司
版　　次 / 2015年12月第1版　2021年4月第2次印刷
书　　号 / ISBN 978-7-5113-5750-2
定　　价 / 48.00 元

中国华侨出版社　北京市朝阳区静安里 26 号通成达大厦 3 层　邮编:100028
法律顾问:陈鹰律师事务所
编辑部:(010)64443056　　64443979
发行部:(010)64443051　　传真:(010)64439708
网址:www.oveaschin.com
E-mail:oveaschin@sina.com